安徽旱灾
时空分布及其规律研究

周　婷／著

中国科学技术大学出版社

内 容 简 介

本书系统梳理公元前190—2023年安徽的旱灾史料，从旱灾发生频率、时空分布、连旱情况、旱涝急转及破坏深度等角度，归纳安徽各历史时期旱灾的特征与规律，分析当前安徽旱灾呈现的新形势、新动向，开展县域尺度的旱灾风险区划研究，并提出分区域针对性措施建议。研究成果可为全面客观认识、科学主动应对安徽旱灾提供参考，也可为其他区域旱灾研究及防御工作提供借鉴。

图书在版编目(CIP)数据

安徽旱灾时空分布及其规律研究 / 周婷著. -- 合肥 ：中国科学技术大学出版社，2025.7. -- ISBN 978-7-312-06292-6

Ⅰ. P426.616

中国国家版本馆 CIP 数据核字第 2025HE3719 号

安徽旱灾时空分布及其规律研究

ANHUI HANZAI SHIKONG FENBU JI QI GUILÜ YANJIU

出版 中国科学技术大学出版社
安徽省合肥市金寨路 96 号，230026
http://press.ustc.edu.cn
https://zgkxjsdxcbs.tmall.com

印刷 安徽省瑞隆印务有限公司

发行 中国科学技术大学出版社

开本 787 mm×1092 mm 1/16

印张 12.75

字数 299 千

版次 2025 年 7 月第 1 版

印次 2025 年 7 月第 1 次印刷

定价 68.00 元

序

在全球气候变化的背景下，旱灾作为一种极具破坏性的自然灾害，已成为制约经济社会发展和生态环境保护的重大挑战。其影响之广泛、危害之深远，已远超传统自然灾害的范畴，成为全球关注的焦点。

安徽省地处我国南北气候过渡带，江淮丘陵区贯穿东西，种植结构复杂多样。受地理位置、地形地貌、种植结构及降水时空分布的综合影响，安徽自古以来干旱灾害频发，历史上旱灾记录频繁且灾情严重，呈现复杂的空间分化特征。淮北平原区、江淮丘陵区、皖西山区、沿江平原区和皖南山区旱灾特征各有不同。安徽作为我国重要的农业生产基地和生态屏障，旱灾的频发直接影响粮食安全、生态安全和社会稳定。系统梳理、深入分析并解析旱灾的特征和成因，不仅是应对当前抗旱工作的迫切需要，也是提升区域抗旱能力、保障经济社会高质量发展的重要支撑。

新中国成立以来，特别是党的十八大以来，安徽省委、省政府高度重视抗旱工作，采取了一系列有效措施，取得了显著成效。水利基础设施不断完善，抗旱应急管理体系逐步健全，区域应对旱灾的能力显著提升。例如，通过建设大型水库、灌区改造、节水灌溉等工程措施，安徽抗旱能力大幅增强；同时，非工程措施如旱情监测预警系统、抗旱应急预案等也为抗旱工作提供了有力支撑。然而，随着气候变化和社会经济的快速发展，旱灾呈现出新的动向：极端干旱事件频发、旱灾影响范围扩大、经济社会损失加剧等，这些新动向对安徽抗旱工作提出了更高要求，亟须通过科学研究为抗旱决策提供支持。

《安徽旱灾时空分布及其规律研究》一书由安徽农业大学周婷副教授执笔完成。周婷副教授长期从事水库调度、水旱灾害风险评价、灌区水资源配置等方面研究，本书基于其团队对安徽旱灾历史资料全面细致的整理，系统梳理了2000余年来旱灾记录档案，研究过程展现出了严谨的学术态度与扎实的专业功底。著作从定性和定量两个角度深入剖析了安徽旱灾的时空分布特征，对不同时期、不同地区的旱灾进行了解读、对比、归纳和归因，对安徽旱灾的研究时间尺度长、资料来源丰富、分析解读深入，是全面认识和理解安徽旱灾的专业书籍，并可为区域科学抗旱、主动抗旱提供有益借鉴。

旱灾管理是一项复杂的系统工程，涉及水利、农业、经济、社会等多个领域，需要多部门协同合作，制定科学合理的政策和措施。本书的出版为旱灾防御工作提供了一个重要的窗口，不仅为科研工作者提供了宝贵的研究资料，也为政府部门制定抗旱政策提供了科学依据。希望本书能够为安徽乃至全国的抗旱工作提供有益的启示，助力提升区域抗旱减灾能力，保障社会经济的可持续发展。

是为序。

中国工程院院士

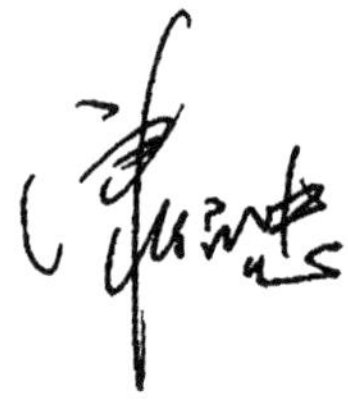

2025 年 4 月

前　言

干旱灾害是全球影响严重的自然灾害之一，其波及范围广、持续时间长、危害严重。联合国防灾减灾署(UNDRR)在《灾害造成的人类损失(2000—2019)》报告中指出，2000—2019年的20年间，全球14.3亿人遭受干旱，受灾人口在各类自然灾害中仅次于洪水；干旱事件由2000—2010年的263次增加到2010—2019年的338次，呈显著增加趋势。

安徽地处我国南北气候过渡带，同时受东部季风气候影响，降水年际变化大、年内分配极不均衡，地形地貌多样，种植结构复杂。特殊的地理气候条件导致安徽自古以来旱灾严重，旱灾持续时间长、波及面积广、发生频率高、破坏力强。根据《中国气象灾害大典·安徽卷》中关于旱灾的记载，公元前190—1949年共计2140年间，安徽省共计记载旱灾年份593年，平均每3.6年发生一次。史料记载中常常用"赤地千里，籽草无收""江淮竭、井泉枯"等词语来描述安徽旱灾，诸如"大旱，灾连数千里""大旱……山田禾苗尽槁""自五月至十月始雨，一望赤地，禾稼尽枯焦""江淮数百里绝水无鱼"等，甚至有"旱，大饥，人相食"的记载。这些史料充分说明，安徽地区2000多年来的旱灾，特别是1949年以前的大旱，灾情是严重的。

极端气候事件，尤其是近年来频发的干旱和高温等极端气候灾害，进一步加剧了旱灾的风险；社会经济的快速发展使得旱灾对人民生产生活的影响日益加剧。随着水利工程和非工程措施的不断建设完善，区域应对旱灾的能力得到显著提高，面对干旱灾害的韧性显著增强。在上述自然因素、社会条件和工程因素的共同作用下，安徽的旱灾格局既有着千百年来形成的稳定特征，也呈现出一些新形势、新动向，这些历史规律与新趋势亟待系统梳理与总结。因此，深入研究安徽旱灾的时空变化规律及其成因，划分旱灾风险区域，对于提升安徽抗旱能力、推动安徽水利事业的高质量发展，具有重要的理论意义和实践价值。

本书在安徽省自然科学基金水科学联合基金项目"大别山区水库群适应性协同调度关键技术"(2308085US13)和安徽省水利厅项目"安徽省洪水干旱灾害

防治规划与防护标准专题研究”的支持下，系统梳理公元前190—2023年2000余年安徽的旱灾史料，采用史料纪实和数据分析相结合的手段，从定性和定量两个角度剖析安徽历史旱灾的时空分布特征。通过对历史旱灾的全面回顾，揭示安徽旱灾的发生规律、影响因素以及时空分布规律，以期为未来旱灾的预测、防范和应对提供科学依据。本书还探讨了旱灾风险区划的理论与方法，为安徽乃至其他地区的抗旱工作提供参考。

衷心感谢中国工程院院士康绍忠百忙中为本书作序，这对笔者来说是莫大的鼓励。在本书撰写过程中，安徽省水利厅原副厅长蔡建平、原二级巡视员王凤云、总工程师赵会香、水旱灾害防御处副处长朱晓二、农村水利水电处副处长乔栋梁，合肥工业大学教授金菊良、安徽省淠史杭管理局原副局长王代林、副局长陈来宝和灌溉调度处处长朱善斌提出了意见和建议。安徽省水利水电勘测设计研究总院原总规划师、安徽省工程勘察设计大师徐迎春在研究思路和书稿章节设置等方面给予了帮助和指导。安徽省应急管理厅总工程师蔡正中、防汛抗旱处处长王超、救灾处副处长张伟对本书旱灾灾情时空特征规律研究提供了帮助与指导。安徽省水利水电勘测设计研究总院规划研究院院长宰兵、正高级工程师管佳佳等同仁在实地调研、基础资料等方面提供了支持。安徽省水利勘测设计院赵德宏、王栋堂、杨苏扬、檀华芬、程炳元、尤家煌等前辈编写的研究报告《安徽省水旱灾害史料整理分析(公元前190—1949年)》给本书提供了大量珍贵的资料。滁州学院汪志国教授对安徽历史旱灾开展了深入系统的研究，这些研究为本书提供了宝贵的参考。安徽农业大学工学院肖家乐、陈思远、尹苏皖、刘园园、吴佩瑶、徐奕丹、李思航等同学在本书的基础资料整编方面做了大量认真细致的工作。在此，向以上领导、专家、同行和同学表示诚挚的谢意！

当前，随着国家水安全、粮食安全战略的实施，抗旱工作进入了一个新的阶段。希望本书能够为安徽及其他地区的旱灾防治提供有益的启示，助力提升区域抗旱减灾能力，保障社会经济高质量发展。然而，限于笔者的理论水平、知识结构和所掌握的资料，本书在编写过程中可能存在一些缺点和错误，恳请专家、学者和读者对本书不吝指正，以期在未来的修订中不断完善。

周　婷
2025年4月

目　　录

前言 …………………………………………………………………………（ⅰ）

第 1 章　基本情况 ……………………………………………………（1）

1.1　自然地理 …………………………………………………………（1）

1.2　气象水文 …………………………………………………………（2）

1.3　干旱与旱灾概况 …………………………………………………（3）

第 2 章　历史旱灾记录 …………………………………………………（5）

2.1　分析方法 …………………………………………………………（5）

2.2　整体规律 …………………………………………………………（7）

2.3　徽州府 ……………………………………………………………（9）

2.4　宁国府 ……………………………………………………………（10）

2.5　太平府 ……………………………………………………………（12）

2.6　池州府 ……………………………………………………………（13）

2.7　安庆府 ……………………………………………………………（15）

2.8　庐州府 ……………………………………………………………（17）

2.9　和、滁州 …………………………………………………………（18）

2.10　六安州 …………………………………………………………（20）

2.11　凤阳府 …………………………………………………………（22）

2.12　颍州府 …………………………………………………………（23）

2.13　泗、宿州 ………………………………………………………（25）

2.14　“江淮竭、井泉枯”等现象历史记载 ……………………………（27）

第 3 章　公元前 190—1949 年旱灾 ……………………………………（32）

3.1　宋前时期 …………………………………………………………（32）

3.2　宋元时期 …………………………………………………………（33）

3.3　明代 ………………………………………………………………（35）

3.4　清代 ………………………………………………………………（38）

3.5　宋代至清代 ………………………………………………………（40）

3.6　近代 ………………………………………………………………（42）

3.7　历史旱灾记载对比分析 …………………………………………（45）

第4章　1950—2023年旱灾 …………………………………………（47）
4.1　1950—2023年受灾、成灾面积统计 ……………………………（47）
4.2　旱灾灾情空间分布 ……………………………………………（51）
4.3　典型旱灾年份灾情空间分布 …………………………………（55）
4.4　旱灾时空分布特征总结 ………………………………………（85）

第5章　典型旱灾年份旱情纪实 ……………………………………（86）
5.1　1641年 …………………………………………………………（86）
5.2　1785年 …………………………………………………………（86）
5.3　1856年 …………………………………………………………（87）
5.4　1934年 …………………………………………………………（88）
5.5　1959年 …………………………………………………………（90）
5.6　1966年 …………………………………………………………（91）
5.7　1978年 …………………………………………………………（92）
5.8　1994—1995年 …………………………………………………（96）
5.9　2001年 …………………………………………………………（100）
5.10　2019年 ………………………………………………………（102）
5.11　2022年 ………………………………………………………（104）

第6章　连旱分析 ……………………………………………………（106）
6.1　宋元时期连旱分析 ……………………………………………（106）
6.2　明代连旱分析 …………………………………………………（108）
6.3　清代连旱分析 …………………………………………………（109）
6.4　明清时期淮河流域连旱分析 …………………………………（110）
6.5　1950—2023年74年间连旱分析 ……………………………（112）

第7章　旱灾破坏深度分析 …………………………………………（115）
7.1　旱灾破坏深度概念 ……………………………………………（115）
7.2　全省旱灾破坏深度 ……………………………………………（115）
7.3　淮北平原区 ……………………………………………………（116）
7.4　江淮丘陵区 ……………………………………………………（117）
7.5　皖西山区 ………………………………………………………（118）
7.6　沿江平原区 ……………………………………………………（119）
7.7　皖南山区 ………………………………………………………（120）
7.8　旱灾破坏深度特征总结 ………………………………………（121）

第8章　旱灾特征与规律 ……………………………………………（122）
8.1　旱灾频率 ………………………………………………………（122）

8.2　空间分布规律 ……………………………………………………………… (122)
8.3　连旱特征 …………………………………………………………………… (123)
8.4　季节特征 …………………………………………………………………… (124)
8.5　旱涝急转特征 ……………………………………………………………… (124)
8.6　旱灾破坏深度特征 ………………………………………………………… (124)

第 9 章　旱灾风险区划与防治 ……………………………………………………… (126)
9.1　旱灾风险区划的概念与意义 ……………………………………………… (126)
9.2　安徽旱灾防治研究综述 …………………………………………………… (127)
9.3　基于模糊综合法的区域旱灾风险区划 …………………………………… (130)
9.4　旱灾风险区划结果分析 …………………………………………………… (137)
9.5　典型地区旱灾风险归因分析 ……………………………………………… (139)

第 10 章　结论与展望 ……………………………………………………………… (143)
10.1　结论 ……………………………………………………………………… (143)
10.2　展望 ……………………………………………………………………… (144)

附录　公元前 190—1949 年各县旱情记载史料 …………………………………… (145)

参考文献 …………………………………………………………………………… (191)

第1章 基本情况

1.1 自然地理

安徽省国土面积为1.40×10⁵ km²，约占全国总面积的1.45%，其中平原、山区、丘陵各占30%左右，其余约10%为湖泊、洼地。耕地面积约为5.55×10⁴ km²。长江、淮河横贯安徽，将全省天然地划分为淮北、江淮和江南三大区域。就水系而言，全省分为淮河、长江和新安江三大流域，其中淮河水系流域面积为6.72×10⁴ km²，长江水系为6.67×10⁴ km²，新安江水系为0.62×10⁴ km²，分别占全省国土面积的48.0%、47.6%和4.4%。

安徽气候温和，是季风气候非常明显的区域，淮河以北属暖温带半湿润季风气候，淮河以南属亚热带湿润季风气候，南北气流经常在江淮流域交汇，气温变化大，冬季1月平均气温在－1～4℃，夏季7月平均气温为28～29℃。四季分明，春暖、夏炎、秋爽、冬寒，差别明显。江南3月中旬入春，淮北和江淮3月下旬入春，季长2个月。5月下旬入夏，季长4个月。9月下旬入秋，季长2个月。淮北和江淮11月中旬入冬，江南11月下旬入冬，季长4个月。冬夏长而春秋短。因南北气候差异，致使淮北冬长于夏，江南夏长于冬。

安徽境内地势西南高、东北低，地形地貌南北迥异，复杂多样。淮北平原区地势平坦，为黄淮海平原的一部分；江淮之间，西部为大别山，中东部为丘陵地带；长江两岸地势低洼，河湖交错，属长江中下游平原，皖南山区层峦叠嶂，峰奇岭峻，以山地丘陵为主。

按区域地貌的综合特征划分，全省划分为5个地貌区，即淮北平原区、江淮丘陵区、皖西山区、沿江平原区及皖南山区。

淮北平原区除北部萧县、淮北市、灵璧县与宿州市埇桥区接壤处有小面积丘陵(海拔100～300 m)及岛状石质残丘外，主体为黄泛平原，地势自西北向东南缓倾。颍河、西淝河、涡河、浍河、沱河、濉河等河道因历代黄河泛滥淤积，河床浅平，汛期排水能力不足导致漫溢积水。中部宿州至蒙城一带为未受黄泛物质覆盖的古冲积平原，被颍河、西淝河等支流分割成若干平坦地块，其间分布众多浅洼地，因排水困难常被称作“湖地”；地势略高的台地则称为“平地”或“四平地”。沿淮地带以岗地、湖泊洼地为主，蚌埠涂山(海拔338 m)、淮南舜耕山等残丘凸起于平原中；淮河干流两岸一级支流河口因淤积形成喇叭形浅湖，汛期蓄洪时淹没范围广。河漫滩“湾地”，土壤肥沃但易受洪涝。

江淮丘陵区地貌类型颇为复杂，低山与丘陵多分布于江淮地区东部。在六安市金安区、肥西县、长丰县南部(肥东县西部)、霍邱县与寿县南部及定远县南部一带是广阔的波状剥蚀残积岗地，岗冲交错，只在合肥西郊与肥西东部有少数残丘突起，如大蜀山(海拔282 m)、小蜀山(海拔 156 m)。呈波状起伏的岗地主要为二级阶地，相对高度多小于 30 m。明光市东部与来安县北部分布有玄武岩平岗与平顶丘陵，前者是玄武岩熔岩流上发育的剥蚀堆积台地，后者为遭地面流水切割后形成的玄武岩方山。

巢湖水系呈向心状分布，杭埠河、丰乐河、上派河等河流短促陡急，入湖口有三角洲发育，湖盆淤浅导致汛期洪水风险高；合肥以南至庐江以北沿巢湖的湖滨平原，地势低洼，多圩田分布。安庆北部大龙山(海拔 697 m)等低山与白兔湖、石塘湖等湖泊构成山麓—湖泊—平原过渡地貌，河谷冲积层发育自由河曲，沉积作用显著。

大别山位于湖北、河南、安徽三省交界地区，绵亘千里，以安徽省境内最为广大，山势雄伟。其范围东起潜山市，西至省界，南自太湖县，北迄金寨县，全区略呈三角形。皖西山区为江淮分水地带，南北侧与丘陵、平原区相接，主要由低山与中山组成，最高峰为霍山县白马尖山区(海拔 1771 m)。该区海拔 1000 m 以上的山地多为悬崖峭壁，山顶尖峰耸立。

沿江平原区呈南西—东北走向，地势较平，海拔一般在 15 m 左右，沿江湖汊地区海拔最低处只有 6 m。铜陵市以西，受大别山及皖南山地的夹峙，平原狭窄，如安庆市附近宽仅2.5 km。铜陵市以东，冲积平原顿现开阔，宽度可达 25 km(芜湖市附近)，长江河道曲折多汊，江心洲发育。地貌类型以岗地、湖泊和冲积平原为主；湖泊在沿江一带星罗棋布，面积较大，分布于两岸及支流入口处，如泊湖、黄湖、升金湖等，湖水一般较浅。平原中零星分布残丘，如铜陵市区丘陵，部分与外围山体相连。

皖南山区东北部主要为长江支流青弋江、水阳江、郎溪河等所形成的沿岸冲积平原，在宣城、郎溪、广德及宁国、南陵等县，二级阶地成片分布，岗顶平缓，坡度在 5°～10°。中部黄山山脉与白际山—天目山系构成陡峻中山地貌，千米以上山峰逾百座，山间断陷盆谷，如休宁盆地，宽 12～25 km，与周边山峰高差达 1000 m 以上，形成显著垂直自然带。山间盆地为盆谷中较宽广部分，其中部多有河流交汇。河流进入盆地中，河身变得比较宽阔，有河曲及比较平坦的冲积平原，土质较好，以栽种水稻为主，当地群众称之为“畈”，为皖南山区粮食的主要产地。

1.2 气 象 水 文

安徽地处中纬度地区，是中国南北气候过渡地带，属季风盛行区，冷、暖气团交汇频繁，又受东南台风登陆影响，降水较集中，自北向南递增。全省年平均气温在 14～17 ℃，平均日照为 1800～2500 h，平均无霜期为 200～250 d；年平均降水量为 800～1800 mm，降水量集中在 5～9 月份，约占全年降水量的 70%。

安徽降水地区间分布不均,有明显的南多北少、山区多平原少的特点。淮北北部地区年平均降水量为 800 mm;沿淮地区为 900 mm;江淮丘陵区东、西部为 1000 mm,中部为 900 mm;皖西山区西部为 1400 mm,东部为 1200 mm;沿江平原区东部为 1000～1200 mm,西部为 1400 mm;江南地区为 1200～1400 mm;黄山地区为 1600～2200 mm。

各个季节降水量相差较大,夏季 6～8 月降水最多,春季次之,秋季较少,冬季最少。由于春夏之交,暖湿气流自南向北推进,全省南北、春夏两季降水量相差悬殊。江南和沿江西部,春夏两季各占全年降水量的 35%左右;淮北平原区春季降水量占全年的 20%～25%,常有春旱发生,而夏季降水量占全年 50%以上。全省秋季降水南北差异不大,各占全年降水量的 15%～20%。冬季受干冷空气控制,雨雪稀少。

降水年季变化大,多雨年降水量比少雨年降水量多达 3 倍左右。1954 年是新中国成立以来降水量最多的涝年,各地年降水量达 1480～2943 mm,超过正常年份 50%以上。1978 年是新中国成立以来降水量非常少的旱年,各地降水量为 560～1099 mm,不足正常年份的 50%。

洪涝、干旱灾害多发易发,成为安徽最严重的气象灾害。淮河以北地区春夏之交经常出现连阴雨、霜冻、干热风等灾害;长江、淮河沿岸和皖南山区梅雨季节,暴雨时常发生,从而引发山洪、泥石流及内涝灾害;江淮之间入伏后,多为晴热少雨天气,易造成大面积干旱,有时形成伏旱连秋旱;大风、冰雹、龙卷风从初夏至秋末,不分地域。

梅雨、雨季降水的多少是造成安徽旱涝的主要原因。梅雨是长江中下游的气候特点之一,安徽江南和江淮之间受其影响。梅雨期间,阴雨天多,湿度大,降水集中,常有大雨或暴雨出现。安徽入梅期平均在 6 月 16 日,出梅期为 7 月 9 日,梅雨期平均长度为 24 天,江淮之间梅雨量多年平均为 270 mm、沿江江南为 320 mm。入梅最早的是 1991 年 5 月 18 日,出梅最迟的是 1954 年 7 月 30 日。梅雨期最长的是 1954 年,6 月 4 日入梅,7 月 30 日出梅,长达 57 天;梅雨期最短的是 1961 年,6 月 6 日入梅,6 月 15 日出梅,梅雨期仅 10 天。还有少数年份基本上无明显的持续性强降水,如 1958、1965、1978、1994 年等基本为"空梅"。与淮河以南梅雨相对应的是淮北的雨季,淮北雨季平均开始日期在 6 月 30 日,结束在 7 月底。梅雨期的长短和梅雨量的多少,与旱涝关系极为密切。

1.3 干旱与旱灾概况

安徽气候条件复杂,地理位置特殊,河湖众多,自古以来旱灾严重,旱灾持续时间长、波及面积广、发生频率高。根据《中国气象灾害大典・安徽卷》(下文简称《气象灾害大典》)中关于旱灾的记载,公元前 190—1949 年共计 2140 年间,安徽省旱灾年份记载共计 593 年,平均每 3.6 年发生一次。据 1450(明景泰元年)—1949 年 500 年间的资料统计,安徽境内共发生大、小旱灾 957 次,其中大旱、特大旱灾 70 次,平均 7 年发生一次。

1950—2023年间，安徽省干旱年均受灾面积为9.23×10^3 km^2，年均成灾面积为4.8×10^3 km^2。大旱平均每5年发生一次，特大干旱平均每10～15年发生一次。在时间尺度上，连年旱、隔年旱、间歇旱等均有发生。其中，1934、1959、1966、1978、1994、2001、2019、2022年等年份的旱灾较为典型。

从各历史时期来看，江淮丘陵区、淮北平原区一直是安徽省旱灾较为严重的区域。此外，旱涝交替、旱涝急转、连旱发生频率较高也是安徽旱灾的重要特征。旱涝急转、涝旱急转和连旱是抗旱工作应关注的重点情景。

第 2 章　历史旱灾记录

本章对公元前 190—1949 年安徽省历史旱灾记录进行了整理分析，所依据的原始资料主要为安徽省水利水电勘测设计院 1981 年编写的《安徽省水旱灾害史料整理分析（公元前 190—1949 年）》（下文简称《水旱史料》）报告中旱灾部分内容。

2.1　分析方法

2.1.1　资料来源

安徽历史旱灾的记载可追溯至汉惠帝五年（公元前 190 年），至今已积累了 2000 余年的史料，尤其 1450—1949 年间资料相对翔实，具有较高的参考价值。《水旱史料》旱灾资料主要取自地方省、府、州、县志，并参照前人编纂的有关资料，包括江南通志、安徽通志、州府志、县志及部分家谱等。在对旱灾记载的时间段归纳方面，1450 年以前由于资料较少，按照 500 年为一时段进行统计。1450—1949 年间，按照 100 年为一时段进行统计。所依据的文献主要有如下 3 个方面：

(1) 省级：有《江南通志》《安徽通志》。

(2) 府及直隶州级：有徽州、宁国、太平、池州、安庆、庐州、凤阳、颍州 8 个府志，及广德、和州、滁州、六安、泗州 5 个直隶州志。

(3) 州、县级：有歙县、宣城、当涂、贵池、怀宁、合肥、凤阳、寿州、阜阳、亳州、建平（今郎溪）、含山、全椒、霍山、五河等 54 个州、县志。

2.1.2　统计区域划分

安徽地处南北气候过渡带，地貌差别明显，江南以山区和平原为主，江淮之间以丘陵为主，淮北是平原，沿江、沿淮两岸是圩区、洼地。为反映不同地区旱灾特点，本章依据《水旱史料》报告，大致以清代府或 2 个直隶州的范围为 1 个区，把全省划为 11 个区，分别是：

(1) 以徽州府为主划为 1 个区，范围包括黄山以南的新安江水系和一小部分鄱阳湖水系，相当于现在（本章中“现在”指 20 世纪 80 年代安徽省行政区划，下同）的徽州地区南半部。

（2）以宁国、太平（包括广德州）、池州 3 个府为主，划为 3 个区，范围包括长江以南、黄山以北。宁国府区相当于现在的徽州地区北半部和芜湖地区西南部。太平府区相当于现在芜湖地区的东北部。池州府区相当于现在池州地区。

（3）以安庆、庐州 2 个府以及和、滁州划分为 3 个区，范围大致是江淮丘陵区以南，长江以北。安庆府区相当于现在安庆地区，庐州府区相当于巢湖地区西部和六安地区东南部。和、滁州区相当于巢湖地区东部和滁县地区南部。

（4）以六安、寿州和凤阳府为主划为 2 个区，范围大致是淮河以南（凤阳府区跨淮河，包括怀远、五河），江淮丘陵区以北。六安、寿州区相当于 20 世纪 80 年代六安地区的西北部。凤阳府区相当于滁县地区北部和宿县地区沿淮。

（5）以颍州府和泗、宿州为主划为 2 个区，范围包括淮北平原区。颍州府区相当于阜阳地区。泗、宿州区相当于宿县地区中、北部。

表 2.1 为安徽历史旱灾统计分区。

表 2.1　安徽历史旱灾统计分区

区划名称	各区控制范围			
	按清代行政区划		按 20 世纪 80 年代行政区划	
	州府	县	地区	市、县
徽州府（新安江流域）	徽州府	歙县、休宁、祁门、黟县、绩溪	徽州地区南半部	歙县、休宁、祁门、黟县、绩溪、屯溪市
宁国府（青弋江、水阳江流域）	宁国府	宣城、宁国、旌德、太平、泾县、南陵	徽州地区北半部 芜湖地区西南部	宁国、旌德、太平、泾县、南陵、宣城
太平府（青弋江、水阳江流域）	太平府 广德州	当涂、芜湖、繁昌、建平	芜湖地区东北部	当涂、芜湖、繁昌、广德、郎溪、芜湖市、马鞍山市
池州府（长江下游干、支流）	池州府	贵池、建德、东流、石埭、青阳、铜陵	池州地区	贵池、东至、石埭、青阳、铜陵、铜陵市
安庆府（华阳河、皖河、莱子湖等流域）	安庆府	怀宁、宿松、望江、太湖、潜山、桐城	安庆地区	怀宁、宿松、望江、太湖、潜山、桐城、岳西、枞阳、安庆市
庐州府（巢湖流域）	庐州府	合肥、舒城、庐江、无为州、巢县	六安地区东南部 巢湖地区西部	舒城、肥西、合肥市 肥东、无为、巢县

续表

区划名称	各区控制范围			
	按清代行政区划		按20世纪80年代行政区划	
	州府	县	地区	市、县
和、滁州（滁河流域）	和州 滁州	含山 全椒、来安	巢湖地区东部 滁县地区南部	和县、含山 滁县、全椒、来安
六安州（史淠流域、淮河干流）	六安州	霍山。颍州府属霍邱。凤阳府属寿州，凤台	六安地区西北部	六安、金寨、霍邱、寿县、合肥市属长丰、淮南市、阜阳地区凤台
凤阳府（淮河干、支流）	凤阳州	凤阳、怀远、定远。泗州属五河、盱眙、天长	滁县地区西北部	凤阳、怀远、定远、嘉山、天长。宿县地区五河、江苏省盱眙、蚌埠市
颍州府（颍、涡河流域）	颍州府	阜阳、太和、颍上、亳州、涡阳、蒙城	阜阳地区	阜阳、太和、颍上、亳县、涡阳、蒙城、界首、临泉、阜南、利辛。阜阳市
泗、宿州（濉、浍，沱河流域）	泗州	凤阳府属宿州、灵璧 徐州府属砀山、萧县	宿县地区	宿县、灵璧、泗县、砀山、萧县、濉溪、固镇。淮北市

注：表中芜湖、阜阳为当时的芜湖县、阜阳县。

本章采用以下3个方面指标作为衡量旱灾程度轻重的依据：

(1) 面积广：受灾范围广。如“休宁、婺源、黟大旱”“江南大旱”“淮南大旱”等。

(2) 历时长：旱灾持续时间长。如“四月至八月不雨”“春至秋不雨”等。

(3) 灾象重：旱灾造成的灾情严重，对社会危害甚大者。如“河湖涸”“赤地千里”“禾苗枯”“道殣相望”等。

由于资料精度有限，难以细分旱灾的等级，本书将历史旱灾划分为大、偏大、一般3个等级。具备2条及以上者为大旱，具备1条者为偏大旱，只有记载不做描述者为一般旱。

2.2 整体规律

1450—1949年这500年间资料相对翔实，具有一定的参考价值。通过对1450—1949年历史旱灾记载的统计和归纳，从旱灾记载的重现期、空间分布和季节分布3个方面进行归纳。

2.2.1 重现期

1450—1949 年各分区分级旱灾及水旱同年发生次数统计如表 2.2 所示。

表 2.2 1450—1949 年各分区分级旱灾及水旱同年发生次数统计

州　府	旱　灾　等　级				其中水旱同年
	一般	偏大	大	小计	
徽州府	64	12	5	81	13
宁国府	60	6	5	71	15
太平府	38	6	5	49	5
池州府	58	13	7	78	20
安庆府	56	12	10	78	23
庐州府	90	10	7	107	24
和、滁府	80	8	6	94	10
凤阳府	142	8	9	159	60
六安州	70	8	6	84	19
颍州府	59	3	4	66	25
泗、宿州	76	8	6	90	33
合计	793	94	70	957	247

由表 2.2 统计可见，在 1450—1949 年的 500 年间，各区大旱以上年份的历史记载发生次数为 5～7 年，重现期在 70～100 年，一般旱年发生次数为 72 年左右，重现期为 6 年左右。江淮之间的凤阳府，和、滁府，庐州府，六安州等旱灾重现期相对较短。

2.2.2 空间分布

在 1450—1949 年间的 500 年资料中，旱灾记载次数最多的是凤阳府区，达 159 次；太平府区记载最少，为 49 次。按淮北、江淮之间、江南 3 个大区统计，其中淮北包括颍州府、泗、宿州府、凤阳府部分地区；江淮之间包括安庆府、庐州府、和滁州府、六安府、凤阳府部分地区；江南包括徽州府、宁国府、太平府、池州府。经统计，江淮之间旱灾共发生 190 次，远超其他两区的 116 次和 109 次。3 个大区同时有旱灾记载的年次为 32 次。

2.2.3 季节分布

1450—1949 年间，明确记载发生季节的旱灾有 416 年次，如表 2.3 所示。

表2.3 1450—1949年间安徽历史旱灾季节分布情况

	春	春夏	夏	夏秋	秋	秋冬	冬	冬春	连续三季	合计
年次	12	22	156	84	94	8	2	2	36	416
占比	3%	5%	38%	20%	23%	2%	0%	0%	9%	100%

由表2.3可知,1450—1949年间旱灾大部分发生在夏秋季节。持续3个季度的旱灾,全省11个区共发生36年次,其中有2个旱年持续时间超过3个季度,即宁国府区的1785年(自春至冬旱)和太平府区的1814年(3月至11月旱),另外还有和滁州区的1135年(去冬至秋旱)。

2.3 徽州府

徽州府位于安徽南部,北靠池州府,辖歙县、休宁、祁门、黟县、绩溪等县。徽州府地处山区,地势高峻,山峦起伏。新安江是徽州最主要的河流,发源于休宁的六股尖,流经歙县、屯溪等地,最终注入钱塘江。

据《水旱史料》记载,650—1949年的1300年中,记载徽州府旱灾117年,水旱同年20年。其中,徽州府有60年,歙县有28年,休宁52年,祁门25年,黟县12年,绩溪37年。较大旱灾的记载年份有823、1180、1215、1302、1434、1478、1523、1545、1589、1595、1636、1671、1672、1679、1693、1751、1785、1802、1835、1856、1857、1934年,共22年。

徽州府在1180、1215、1545、1672、1679、1693、1751、1934年共8年的灾象最为严重,对这些年旱情历史记载摘录如下:

(1) 1180年。"诸道大旱,江、筠、徽、婺、广德旱,无锡县尤甚。"休宁:"大旱民饥,流淮郡者万余。"

(2) 1215年。"江淮、浙、闽皆旱,建康、宁国府、衢、婺、温、台、明、徽、池、真、太平州、广德、兴国、南康、盱眙、安丰军尤甚。"

(3) 1545年。"休宁、绩溪大旱饥。"休宁:"亢旱,大饥,斗米二钱,民食葛蕨既尽,继以乌算树皮,流离饿殍,相望于道。"

(4) 1672年。"歙旱荒,民掘蕨根地肤以食。"歙县:"旱荒,民掘蕨根,地肤以食,死者载涂。"

(5) 1679年。"黟大旱。江南所属三月至八月不雨。"

(6) 1693年。"六邑旱,绩溪自四月不雨至六月下旬微雨,江苏、安徽等处夏旱。"

(7) 1751年。"歙旱大饥,斗米五钱,民粉稻藁为食。绩溪夏秋冬大旱,二百余日,民届凿溪汲水,是岁大饥,斗米三百文有另。"

(8) 1934年。"全省大旱,歙、休宁、祁门、黟、绩溪等四十九县受灾。"歙县:"大旱。自五月到八月始雨。"

表 2.4 和表 2.5 统计了不同标准等级下徽州府旱灾及旱灾发生次数。

表 2.4　徽州府、县历史旱灾发生次数记载统计表

年　份	府、县综合	小计	徽州府	歙县	休宁	祁门	黟县	绩溪
650—950	3	8	2	2	2			2
951—1450	33	54	16	6	18	11	1	2
1451—1550	23	41	12	5	10	3	2	9
1551—1650	17	34	11	2	14	1		6
1651—1750	18	35	10	7	5	3		10
1751—1850	11	24	7	4	2	2	2	7
1851—1949	12	18	2	2	1	5	7	1
合　计	117	214	60	28	52	25	12	37

表 2.5　徽州府、县历史旱灾及水旱同年发生次数记载统计表

年　份	旱　灾　等　级				水旱同年
	大旱	偏大旱	一般旱	小计	
650—950		1	2	3	
951—1450	2	2	29	33	7
1451—1550	1	2	20	23	4
1551—1650	2	1	14	17	5
1651—1750		4	14	18	3
1751—1850	1	3	7	11	
1851—1949	1	2	9	12	1
合　计	7	15	95	117	20

2.4　宁　国　府

宁国府位于安徽东南部，北有广德州，南邻徽州府，辖宣城、宁国、旌德、太平、泾县、南陵等县。宁国府南依高山，北濒长江平原，青弋江、水阳江由南向北穿府而过。

据《水旱史料》记载，103—1949 年的 1847 年中，记载宁国府旱灾 92 年，水旱同年 17 年。其中，宁国府有 35 年，宣城有 42 年，宁国 12 年，旌德 30 年，太平 33 年，泾县 32 年，南陵 35 年。较大旱灾的记载年份有 103、502、823、1175、1215、1355、1508、1652、1653、1671、1679、1751、1785、1802、1814、1856、1934 年，共 17 年。

宁国府502、1215、1508、1671、1785、1856、1934年共7年的灾象最为严重，对这些年旱情历史记载摘录如下：

(1) 502年。宣城："大旱，斗米五千，人多饿死。"

(2) 1215年。"江浙皆旱，宁国府为甚。"宣城："春秋大旱至八月乃雨。"旌德："春旱首种不入，至于八月乃雨。"

(3) 1508年。"大旱，道殣相望。"

(4) 1671年。"夏大旱，连月不雨，毒热如焚，民有渴死者。"

(5) 1785年。宣城："自夏初至冬不雨，民饥、食草根树皮，死者枕藉于道。"旌德："大旱，斗米值足佰钱五百，民多殣死。"南陵："大旱蝗，自春至秋无雨，斗米钱七百文，盐价每斤八分，民食榆蕨殆尽，饿殍相望。"

(6) 1856年。"江南北州、县均大旱。"宁国："大旱人相食。"泾县："八十五天不雨。"南陵："大旱，自二月至七月始雨，禾苗枯死，八月蝗大起。"

(7) 1934年。"全省大旱，太、宣、宁、泾、旌、南等四十九县受灾，先雨后旱，禾苗尽枯，几有赤地千里之概。"宁国："大旱，民间树皮草根食尽，唯一五两区荒尤甚。"

表2.6和表2.7统计了不同标准等级下宁国府旱灾及水旱发生次数。

表2.6　宁国府、县历史旱灾发生次数记载统计表

年　份	府、县综合	小计	宁国府	宣城	宁国	旌德	太平	泾县	南陵
103—450	1	2	1	1					
451—950	7	16	3	5		2		3	3
951—1450	13	29	6	6	2	3	3	4	5
1451—1550	8	13	1	1	1	1	6	1	2
1551—1650	7	16	3	2		4	1	3	3
1651—1750	28	78	14	14	5	12	12	12	9
1751—1850	16	43	4	9	2	7	6	7	8
1851—1949	12	22	3	4	2	1	5	2	5
合　计	92	219	35	42	12	30	33	32	35

表2.7　宁国府、县历史旱灾及水旱同年发生次数记载统计表

年　份	旱灾等级				水旱同年
	大旱	偏大旱	一般旱	小计	
103—450		1		1	
451—950	1	1	5	7	
951—1450	1	2	10	13	2
1451—1550	1		7	8	
1551—1650			7	7	2

续表

年　份	旱　灾　等　级				水旱同年
	大旱	偏大旱	一般旱	小计	
1651—1750	1	3	24	28	9
1751—1850	1	3	12	16	1
1851—1949	2		10	12	3
合　计	7	10	75	92	17

2.5 太　平　府

太平府位于安徽东部，长江下游南岸，北有和、滁州，南邻宁国府，辖当涂、芜湖、繁昌、广德州、建平等县。太平府地势较为平坦，以平原为主，有少量丘陵，长江自西向东流经府境北部，青弋江、水阳江等河流纵横交错。

据《水旱史料》记载，公元前 190—1949 年的 2140 年中，记载太平府旱灾 99 年，水旱同年 5 年。其中，太平府有 52 年，当涂有 48 年，芜湖 13 年，繁昌 15 年，广德州 41 年，建平 7 年。较大旱灾的记载年份有 309、502、617、808、834、884、953、1096、1148、1181、1182、1215、1433、1434、1508、1633、1652、1671、1785、1856、1934 年等，共 25 年。

太平府 502、1215、1434、1508、1671、1785、1856、1934 年共 8 年的灾象最为严重，对这些年旱情历史记载摘录如下：

(1) 502 年。“江东大旱，斗米五千，民多饿死。”

(2) 1215 年。芜湖：“江、浙、淮、闽皆旱，太平、建康、宁国为甚。”广德州：“春旱，首种不入，至于八月乃雨，广德旱为甚。”

(3) 1434 年。“自春至秋大旱，江湖涸竭，麦禾不收，民无粒食，剥榆皮为麹，啖之，疫疠並兴，道殣相望。”

(4) 1508 年。广德州：“大旱，子粒无收，草根树皮，采食殆尽。”建平：“环应天、宁国、广德之境，数千里大旱，四月不雨，至十月，野无青草，民室如悬磬，殍死者相望，广德、建平尤甚。”

(5) 1671 年。当涂：“自五月至七月不雨。”芜湖：“夏大旱，岁饥。”繁昌：“大旱，涧泉河水皆涸，山田禾苗尽槁，大饥。”广德州：“江南大旱，建平旱。”

(6) 1785 年。当涂：“大旱，山圩田尽歉。”繁昌：“大旱，民多饥，殣死者无算”广德州：“自夏至秋不雨，斗米钱五百文，民食草木皮几尽。”

(7) 1856 年。“江南、北州均大旱。”广德州：“夏五月至六月不雨，大旱，九月蝗，大饥，斗米钱六百。”

(8) 1934 年。“全省大旱，当涂、芜湖、凡昌、广德、郎溪（建平）等四十九县被灾。”当涂：

"夏大旱,五月至七月不雨,塘坝尽竭,田禾枯槁。"广德州:"自废历四月初七日得雨之后,迄九月间,百有余日,亢旱不雨,旱灾奇重,为百年来所未有。"

表2.8和表2.9统计了不同标准等级下太平府旱灾及水旱发生次数。

表2.8　太平府、县历史旱灾发生次数记载统计表

年　份	府、县综合	小计	太平府	当涂	芜湖	繁昌	广德州	建平
前190—450	5	8	4	3	1			
451—950	12	16	11	5				
951—1450	33	51	20	18	2	1	10	
1451—1550	9	20	6	6		4	3	1
1551—1650	8	13	3	4			5	1
1651—1750	15	35	4	6	6	5	10	4
1751—1850	11	19	2	2	2	4	9	
1851—1949	6	14	2	4	2	1	4	1
合　计	99	176	52	48	13	15	41	7

表2.9　太平府、县历史旱灾及水旱同年发生次数记载统计表

年　份	旱　灾　等　级				水旱同年
	大旱	偏大旱	一般旱	小计	
前190—450	1		4	5	
451—950	3	2	7	12	
951—1450	4	4	25	33	
1451—1550	1		8	9	1
1551—1650		1	7	8	1
1651—1750	1	4	10	15	2
1751—1850	1		10	11	1
1851—1949	2	1	3	6	
合　计	13	12	74	99	5

2.6　池　州　府

池州府位于安徽西南部,北有庐州府,西邻安庆府,辖贵池、建德、东流、石埭、青阳、铜陵等县。池州府北临长江，地势南高北低，东南部以九华山、牯牛降为主体构成南部山区骨架，中部为岗冲相间的丘陵区，西北部沿江地带为洲圩区，地势低平，河湖交错。

据《水旱史料》记载，823—1949年的1127年中，记载池州府旱灾93年，水旱同年22年。其中，池州府有47年，贵池有42年，建德24年，东流25年，石埭27年，青阳10年，铜陵37年。较大旱灾的记载年份有1215、1433、1478、1523、1544、1545、1589、1643、1652、1653、1671、1679、1693、1707、1715、1716、1735、1864、1934年等，共22年。

池州府1478、1545、1589、1652、1671、1693、1716、1864、1934年共9年的灾象最为严重，对这些年旱情历史记载摘录如下：

(1) 1478年。"夏池州旱，无禾。"

(2) 1545年。石埭、青阳、铜陵"春大饥"，贵池、建德、东流"夏大旱"。

(3) 1589年。"旱大疫。"铜陵："大旱春及秋不雨，民食草木根皮，饥殍载道。"

(4) 1652年。"夏秋大旱饥。江南大旱，免安徽各属正赋，改折漕粮并除耗米。"东流："二月大涝，湖水出江，涌高丈余，夏大旱，田赤禾空。"

(5) 1671年。"江南旱，池属贵池、青阳、建德、东流，免被灾田地起运正赋之二、三不等，粮改折，外耗赠米俱免。"石埭："夏秋大旱，禾尽枯，米石价一两八钱，民不聊生。"

(6) 1693年。"池州旱。安、徽等属夏旱，免本年漕粮三分之一。"

(7) 1716年。"蠲免安徽、宁、池、太、凤、庐各属旱灾，地丁粮米。"东流："大旱，五月至九月乃雨，江水泛滥，尽没田庐。"

(8) 1864年。建德："旱大饥，民食树皮、观音粉，肠被塞，多有死者。"

(9) 1934年。"全省大旱，东流、至德、贵池、青阳、铜陵等四十九县受灾。"石埭："夏大旱，二月不雨，秋收不及五成。"

表2.10和表2.11统计了不同标准等级下池州府旱灾及水旱发生次数。

表2.10 池州府、县历史旱灾发生次数记载统计表

年份	府、县综合	小计	池州府	贵池	建德	东流	石埭	青阳	铜陵
823—950	2	2		1	1				
951—1450	13	27	8	8		2	3		6
1451—1550	16	44	12	7	4	3	5	6	7
1551—1650	11	20	6	4	2	2	1		5
1651—1750	27	73	13	11	6	12	11	3	17
1751—1850	10	23	6	5	6	5			1
1851—1949	14	23	2	6	5	1	7	1	1
合计	93	212	47	42	24	25	27	10	37

表2.11　池州府、县历史旱灾及水旱同年发生次数记载统计表

年　份	旱　灾　等　级				水旱同年
	大旱	偏大旱	一般旱	小计	
823—950			2	2	
951—1450	1	1	11	13	2
1451—1550	1	3	12	16	1
1551—1650	2		9	11	6
1651—1750	1	8	18	27	9
1751—1850	1	1	8	10	
1851—1949	2	1	11	14	4
合　计	8	14	71	93	22

2.7　安　庆　府

安庆府位于安徽西南部，北有庐州府，东邻池州府，辖怀宁、宿松、望江、太湖、潜山、桐城等县。安庆府北濒长江，西北部为大别山脉的延伸，东南部为沿江台地平原，山地与平原过渡地带为连绵的丘陵、岗地，地貌上有明显的阶梯状特征。

据《水旱史料》记载，公元前44—1949年的1994年中，记载安庆府旱灾100年，水旱同年24年。其中，安庆府有46年，怀宁有25年，宿松57年，望江34年，太湖35年，潜山45年，桐城34年。较大旱灾的记载年份有309、502、809、1180、1308、1336、1466、1478、1509、1544、1545、1588、1589、1590、1641、1652、1653、1654、1671、1678、1679、1739、1785、1835年等，共28年。

安庆府502、1466、1478、1545、1589、1590、1641、1671、1856、1934年共10年的灾象最为严重，对这些年旱情历史记载摘录如下：

(1) 502年。“八月秋大旱，十一月大饥，是岁江东，斗米五千，民多殍死。”宿松：“江东大旱，斗米钱五千，民多饥死。”

(2) 1466年。“旱大饥，江淮人相食。”

(3) 1478年。“大旱，民多流殍。”

(4) 1545年。“大旱，民饥，米价腾贵。”宿松：“大旱，自五月至九月下旬始雨，民饥，死者。”

(5) 1589年。宿松：“春夏不雨，湖陂干裂，禾无粒收，民多殍死。”望江：“大旱，河井干涸，田亩颗粒无收，殍死甚众，秋冬疫大作，灾连数千里。”桐城：“大旱……时米斗止一钱三分，死者盈行灾连数千里。”

(6) 1590 年。"潜山大饥,民多饥死。"望江:"复大旱,春夏间民苦尤甚,食草根木皮尽,仍饥死。"

(7) 1641 年。宿松:"大旱蠡疫,饥者刳殍以食。"望江:"大旱蠡疫,一岁中三灾福辏,斗米银六钱,人相食。"潜山:"大旱蠡疫(人死者枕藉,饥者刲人为食,无敢独行路者)。"桐城:"大旱蠡疫(北方流民觅食者计数万,米几俱毙,尸填道路)。"

(8) 1671 年。"夏秋间连旱三月,安、庐、凤三郡视江南受灾尤甚。安属六县被虫旱灾伤,蠲赋。"望江:"六月大旱,禾苗枯死,饥民采菱芡度日,草根木皮,一时俱尽。"桐城:"春夏秋无雨,岁大饥,秋旱灾伤田 2750 亩。"

(9) 1856 年。"江南北州县均大旱,庐、凤、颍、六、四属蝗甚。"怀宁:"大旱赤地千里,自四月至八月不雨,斗米千钱,饥民嗷嗷,食榆树皮叶皆尽。"

(10) 1934 年。"全省大旱,所属六县俱被灾。"

表 2.12 和表 2.13 统计了不同标准等级下安庆府旱灾及水旱发生次数。

表 2.12　安庆府、县历史旱灾发生次数统计表

年　份	府、县综合	小计	安庆府	怀宁	宿松	望江	太湖	潜山	桐城
前 44—450	3	7	2	0	2	0	1	2	0
451—950	4	13	3	0	3	3	1	1	2
951—1450	15	32	10	2	8	1	6	4	1
1451—1550	11	51	10	7	8	7	5	6	8
1551—1650	16	48	5	4	9	11	4	7	8
1651—1750	20	56	8	6	7	10	9	10	6
1751—1850	16	32	4	2	9	1	2	8	6
1851—1949	15	37	4	4	11	1	7	7	3
合　计	100	276	46	25	57	34	35	45	34

表 2.13　安庆府、县历史旱灾及水旱同年统计表

年　份	旱　灾　等　级				水旱同年
	大旱	偏大旱	一般旱	小计	
前 44—450	1	0	2	3	1
451—950	1	1	2	4	0
951—1450	1	2	12	15	0
1451—1550	2	3	6	11	1
1551—1650	2	2	12	16	2

续表

年　份	旱灾等级				水旱同年
	大旱	偏大旱	一般旱	小计	
1651—1750	3	4	13	20	9
1751—1850	1	1	14	16	4
1851—1949	2	2	11	15	7
合　计	13	15	72	100	24

2.8　庐　州　府

庐州府位于安徽中部，西有六安州，东邻和、滁州，辖合肥、舒城、庐江、巢县、无为州等县。庐州府地势西北高东南低，以丘陵岗地为主，西南部属大别山余脉，层峦叠嶂。庐州府地表水系较为发达，以江淮丘陵区为界，岭南为长江水系，岭北为淮河水系。

据《水旱史料》记载，公元前176—1949年的2126年中，记载庐州府旱灾125年，水旱同年27年。其中，庐州府有80年，合肥有31年，舒城34年，庐江38年，巢县25年，无为州39年。较大旱灾的记载年份有790、861、1135、1171、1523、1538、1552、1589、1641、1652、1653、1714、1738、1775、1785、1814、1856、1864、1914、1934、1945年，共21年。

庐州府790、1589、1652、1714、1775、1785、1814年共7年的灾象最为严重，对这些年旱情历史记载摘录如下：

(1) 790年。“八月河南、河北、山南、江淮凡四十余州大水，遣往扬、楚、庐、寿、徐、润、苏、常、湖等州赈给。大旱，井泉竭，民暍且病疫，死者甚众。”

(2) 1589年。“郡属大旱饥，升米百钱，人相食。”舒城：“大旱，自正月至秋七月不雨，斗米千钱，民多饥死。”

(3) 1652年。“舒城、无为、庐江、巢县、霍山俱为大旱。”

(4) 1714年。“合肥、庐江、舒城旱蝗，无为、巢县旱。”无为州：“旱，至八月始大雨，七月有蝗不为灾，是年圩区大熟。”

(5) 1775年。“合肥、庐江、无为、巢县旱。”无为州：“自夏徂秋大旱，山田无获。十月，江潮涨，淹麦。”

(6) 1785年。“郡属俱大旱，道殣相望。”舒城：“大旱，五月不雨，至八月，禾稼枯，谷贵冬荒。”无为州：“奇旱，自去冬至是年终岁无雨，江潮闭，山田籽粒无收，圩之滨河湖者。”

(7) 1814年。“合肥、无为、巢县大旱。”巢县：“巢湖旱，岗田尽成赤土，青草俱无。”

表2.14和表2.15统计了不同标准等级下庐州府旱灾发生次数。

表 2.14 庐州府、县历史旱灾发生次数记载统计

年 份	府、县综合	小计	庐州府	合肥	舒城	庐江	巢县	无为州
前 176—450								
451—950	6	14	6	6	1	1		
951—1450	12	19	9	5		2		3
1451—1550	15	27	12	1	3	8	1	2
1551—1650	17	33	15	1	5	4	5	3
1651—1750	29	82	17	13	12	13	8	19
1751—1850	27	50	12	5	8	8	11	6
1851—1949	19	22	9		5	2		6
合 计	125	247	80	31	34	38	25	39

表 2.15 庐州府、县历史旱灾及水旱同年发生次数记载统计表

年 份	旱 灾 等 级				水旱同年
	大旱	偏大旱	一般旱	小计	
前 176—450					
451—950	1	1	4	6	1
951—1450	1	1	10	12	2
1451—1550	1	1	13	15	5
1551—1650	2	1	14	17	1
1651—1750	1	3	25	29	4
1751—1850	1	2	24	27	8
1851—1949	2	3	14	19	6
合 计	9	12	104	125	27

2.9 和、滁州

和、滁州位于安徽东部，北有凤阳府，南邻太平府，辖和州、含山、滁州、全椒、来安等县。和县地势由西北向东南倾斜，南部及沿江一带地势较为平坦，为长江冲积平原，沟河港汊纵横交错，水库、坑塘星罗棋布。滁州跨长江、淮河两大流域，主体为长江下游平原区及江淮丘陵地区。

据《水旱史料》记载，617—1949年的1333年中，记载和、滁州旱灾120年，水旱同年10年。其中，和州有49年，含山31年，滁州19年，全椒30年，来安52年。较大旱灾的记载年份有617、1092、1135、1175、1180、1194、1298、1432、1523、1544、1589、1617、1641、1652、1671、1679、1708、1768、1785、1814、1856、1934年，共22年。

和、滁州1194、1523、1671、1708、1768、1856、1934年共7年的灾象最为严重，对这些年旱情历史记载摘录如下：

(1) 1194年。“大旱，八月蝗，多饥人食草木。”滁州：“滁右大旱，滁为甚，人食草木。”

(2) 1523年。“大旱，自二月至六月不雨，秋大饥，斗米三百钱，死亡无算。”来安：“正月至六月旱，禾尽槁，七月至九月大雨，潦岁大祲人相食，六年之十二年旱、蝗相仍，人多饿死。”

(3) 1671年。全椒：“夏大旱，秋七月飞蝗蔽天，食禾苗殆尽，民大饥。”来安：“自夏五月不雨，至于秋九月，螽、蝝并作。”

(4) 1708年。“江南、浙江二省复极潦伤，和州、含山等十八州县秋灾。”

(5) 1768年。“滁、和二州俱为大旱。”

(6) 1856年。“江南北州、县均大旱。”

(7) 1934年。“全省大旱。”

表2.16和表2.17统计了不同标准等级下和、滁州旱灾及水旱发生次数。

表2.16 和、滁州历史旱灾发生次数记载统计表

年份	州县综合	小计	和州	含山	滁州	全椒	来安
617—950	2	2	1			1	
951—1450	24	37	16	9	6	5	1
1451—1550	16	25	3	5	4	3	10
1551—1650	21	39	9	7	3	7	13
1651—1750	33	46	8	10	4	7	17
1751—1850	14	20	6			3	11
1851—1949	10	12	6		2	4	
合计	120	181	49	31	19	30	52

表2.17 和、滁州历史旱灾及水旱同年发生次数记载统计表

年份	旱灾等级				水旱同年
	大旱	偏大旱	一般旱	小计	
617—950	1		1	2	
951—1450	1	6	17	24	
1451—1550	1	1	14	16	2

续表

年份	旱灾等级				水旱同年
	大旱	偏大旱	一般旱	小计	
1551—1650	1	2	18	21	3
1651—1750	1	3	29	33	2
1751—1850	1	2	11	14	2
1851—1949	2		8	10	1
合计	8	14	98	120	10

2.10 六安州

六安州位于安徽西南部，北有寿州，南邻安庆府，辖霍山、霍邱、寿州、凤台等县。六安东接江淮丘陵，西靠大别山麓，淠河、史河自西南向东北蜿蜒贯穿全境。

据《水旱史料》记载，公元前190—1949年的2140年中，记载六安州旱灾141年，水旱同年21年。其中，六安州有32年，霍山有19年，霍邱60年，寿州81年，凤台7年。较大旱灾的记载年份有公元前190、350、589、617、790、862、1074、1108、1109、1215、1434、1487、1509、1589、1640、1641、1652、1679、1711、1785、1814、1856、1867、1932、1934年，共25年。

六安州617、790、1509、1589、1640、1641、1711、1785、1856、1867年共10年的灾象最为严重，对这些年旱情历史记载摘录如下：

(1) 617年。“大旱，水塘枯绝，池塘鱼类干死。”霍邱：“大旱，淮河数百里，绝水无鱼。”

(2) 790年。霍邱：“夏淮南大旱，井泉竭，疫死者众。”寿州：“淮南大旱，井泉竭，人暍且疫，死者甚众。”

(3) 1509年。寿州：“夏大旱，蝗飞蔽日，岁大饥，人相食。”

(4) 1589年。“六霍大旱，升米百钱，人相食。”霍山：“又大旱，米百钱，道殣相望。”霍邱：“旱，自春至秋不雨，淮水竭，井泉枯，野无青草，流亡遗道，担水千钱，百物凋耗。”

(5) 1640年。“夏六霍大旱，飞蝗蔽天，人相食，至有父母，自残其子女者，虽重典绳。之不能禦。”霍山：“大旱蝗盈天，飞扑人面，堆衢塞路，践之有声，至秋田禾尽蚀，疫疠大作。”霍邱：“旱、蝗、大饥，斗米千钱，人至相食。”

(6) 1641年。“夏复旱，蝗蝻所至，草无遗根。”霍山：“旱、蝗更甚野无青草，人相食。次年春，斗麦千四百钱，山中草根树皮皆尽，有易子，析骸以食者。”

(7) 1711年。“自夏徂秋大旱，飞蝗蔽天。八月初六日，霍山大雨，蛟水暴发，冲没田庐，民多漂溺。”霍山：“夏秋旱，八月大雨，蛟发，坏田庐，民多漂溺。”

(8) 1785年。“六、霍大旱，自三月至八月不雨。”霍山：“大旱，川竭草枯，有以千五钱易粟一斗者，民掘草根树皮以食，道殣相望。”霍邱：“大旱，斗米一千一百有奇，人相食，民死十之四，且阖家毙者。”

(9) 1856年。“五月旱，自春末不亚于至于八月。”霍山：“大旱，自五月不雨，至八月，郡邑数百里尽赤。”

(10) 1867年。“春不雨，至五月二十一乃雨，栽秧失时，田多荒废。”霍邱：“自春徂夏不雨，城西湖涓滴无存。”

表2.18和表2.19统计了不同标准等级下六安州县旱灾及水旱发生次数。

表2.18　六安州历史旱灾发生次数统计表

年　份	州、县综合	小计	六安州	霍山	霍邱	寿州	凤台
前190—450	8	8	1	0	0	7	0
451—950	18	26	2	0	10	14	0
951—1450	31	36	3	0	7	26	0
1451—1550	17	18	2	1	8	7	0
1551—1650	11	18	5	5	7	1	0
1651—1750	19	33	10	6	9	6	2
1751—1850	18	37	4	6	10	12	5
1851—1949	19	23	5	1	9	8	0
合　计	141	199	32	19	60	81	7

表2.19　六安州历史旱灾及水旱同年统计表

年　份	旱　灾　等　级				水旱同年
	大旱	偏大旱	一般旱	小计	
前190—450	1	1	6	8	
451—950	3	1	14	18	
951—1450	1	4	26	31	1
1451—1550		2	15	17	1
1551—1650	2	1	8	11	3
1651—1750	1	2	16	19	6
1751—1850	1	1	16	18	5
1851—1949	2	2	15	19	5
合　计	11	14	116	141	21

2.11 凤 阳 府

凤阳府位于安徽东北部，北有泗州，南邻庐州府，辖凤阳、怀远、定远、五河、盱眙、天长等县。凤阳府南倚江淮丘陵，北临黄泛平原，淮河、濠河自西向东横穿府境。

据《水旱史料》记载，公元前132—1949年的2082年中，记载凤阳府旱灾244年，水旱同年87年。其中，凤阳府有76年，凤阳有53年，怀远40年，定远44年，五河56年，盱眙114年，天长42年。较大旱灾的记载年份有301、471、617、862、953、1074、1086、1108、1181、1209、1215、1279、1321、1465、1503、1509、1523、1589、1617、1619、1640、1671、1679、1713、1785、1856、1891、1917、1925、1934年，共30年。

凤阳府1209、1215、1509、1523、1589 、1640、1671、1679、1856、1934年共10年的灾象最为严重，对这些年旱情历史记载摘录如下：

(1) 1209年。盱眙："江浙淮邑水。春两淮旱饥，斗米钱数千，人食草木，淮民到道殣，食尽，发瘗背继之，人相益噬，流于扬州者数千家，渡江聚建康，浮死者八、九十人。"

(2) 1215年。"安丰军大旱。"盱眙："江浙、淮闽皆旱，盱眙、安丰军为甚，四月飞蝗越淮而南，江淮蝗食禾苗，山林草木皆尽，五月大墺，草木枯槁，百泉皆竭，江淮杯水数十钱，喝死者甚众。是年自春不雨至于八月。"

(3) 1509年。"夏大旱，蝗飞蔽日，岁大饥，人相食。"五河："夏大旱，蝗飞蔽日。"盱眙："夏旱，蝗飞蔽日。"

(4) 1523年。凤阳："夏旱，风霾，人相食，秋大雨三月。"五河："夏四月，麦将熟，继以亢旱，秋禾尽槁。冬十月淮水又溢，遂大饥，次年人仍相食。"天长："自正月至六月不雨，七月雨至于九月，岁大饥，人相食。"

(5) 1589年。"春正月至八月不雨，淮水竭，井泉枯，野无青草，流徙载道。"怀远："夏秋间旱，井泉涸。"

(6) 1640年。五河："大旱，民饥，草木根皮食尽。"盱眙："大旱，蝗蝻遍野，民饥，以树皮为食。"天长："大旱，人相食。"

(7) 1671年。"夏大旱，蝗，禾麦皆无，人食树皮。"盱眙："大旱自三月不雨至八月，蝗食禾稼殆尽，民剥树皮，掘白粉食之。"天长："赤旱，自三月不雨至九月，飞蝗蔽天，挫草作屑，榆皮剥尽，人民相食。"

(8) 1679年。"月至八月不雨，庐、安、滁、和等处亢旸不雨，禾苗尽枯，又蝗蝻云集，西成绝望，凤属寿、宿、颍、亳、怀、定等州、县，漕米改折。"怀远："三月至八月不雨。"五河："秋蝗，旱，淮南皆大饥。"盱眙："大旱，饥、飞蝗渡淮，散满居民，食壁纸殆尽。十月淮大水涨，泗州城成泽国，学官毁焉。"天长："大旱，湖水皆涸，民大饥，人相食。"

(9) 1856年。"夏四月凤台、灵璧旱蝗。"凤阳："江南北州县均大旱，庐、凤、颍、六四属蝗甚。"怀远："怀远等十四州县缓征。"定远："大旱，七阅月不雨，千里地皆赤。"五河："定远、天长、五河三县被水旱成灾五至六分。”盱眙：“大饥旱，民食榆皮，赤地千里，飞蝗际天。”

(10) 1934年。“全省大旱，凤阳、定远、盱眙、天长等四十九县受灾。”

表2.20和表2.21统计了不同标准等级下凤阳府旱灾及水旱发生次数。

表2.20 凤阳府、县历史旱灾发生次数记载统计表

年 份	府、县综合	小计	凤阳府	凤阳	怀远	定远	五河	盱眙	天长
前132—450	5	5	1		1			3	
451—950	14	20	3		1		2	14	
951—1450	66	88	29	7	6	4	3	39	
1451—1550	25	44	8	13	1	1	8	10	3
1551—1650	24	46	5	10	4	3	6	7	11
1651—1750	41	90	14	11	12	5	10	24	14
1751—1850	47	94	13	9	10	18	20	11	13
1851—1949	22	38	3	3	5	13	7	6	1
合 计	244	425	76	53	40	44	56	114	42

表2.21 凤阳府、县历史旱灾及水旱同年发生次数记载统计表

年 份	旱灾等级				水旱同年
	大旱	偏大旱	一般旱	小计	
前132—450		1	4	5	
451—950	1	2	11	14	1
951—1450	3	6	57	66	7
1451—1550	2	2	21	25	10
1551—1650	2	2	20	24	8
1651—1750	2	1	38	41	17
1751—1850	1		46	47	36
1851—1949	2	3	17	22	8
合 计	13	17	214	244	87

2.12 颍州府

颍州府位于安徽西北部，北有宿州，南邻六安州，辖阜阳、太和、颍上、亳州、涡阳、蒙城等县。颍州府南接大别山余脉，北望黄淮平原，颍河、泉河自西北向东南穿府而过。

据《水旱史料》记载，公元前152—1949年的2102年中，记载颍州府旱灾86年，水旱同年28年。其中，颍州府有50年，阜阳有17年，太和10年，颍上20年，亳州21年，蒙城9年。较大旱灾的记载年份有76、589、653、862、1619、1635、1679、1785、1814、1856、1934年，共11年。

颍州府589、653、1635、1679、1785、1814、1856、1934年共8年的灾象最为严重，对这些年旱情历史记载摘录如下：

(1) 589年。“淮河数百里无涸无鱼。”

(2) 653年。“夏汝阴、颍上、霍邱旱。”阜阳：“夏秋旱甚。”颍上：“秋旱甚，地赤，二麦遂枯，百姓乏食。”

(3) 1635年。太和：“春百日不雨……二麦枯死，五月望旬始得微雨……又遭大蝗，六月初六日，雷电交作，大雨时行，昼夜如注，旬日不息，平地积水，一望江湖，庐舍漂没，民无棲止，况时已立秋，欲种无期，十室九户，户户绝烟。”

(4) 1679年。“三月至八月不雨，庐、安、滁、和等处亢旸不雨，禾苗尽枯，又蝗蝻云集，西成绝望，凤属寿、宿、颍、亳、怀、定等州、县，漕米改折。”

(5) 1785年。“凤阳、颍州属大旱。”亳州：“亳州等十二州县，因雨泽延期，农民不能赶种……二麦被旱……又秋禾被旱成灾九至十分……亳州、蒙城、太和、泗州、盱眙、天长、五河、宿州、定远、灵璧十州县均系积歉之区。”

(6) 1814年。阜阳：“夏大旱，禾丰无穗，菽不秀而萎，饥。”

(7) 1856年。“江南北州县均大旱、庐、凤、颍、六四属蝗甚。”太和：“旱，飞蝗大至，食禾几尽。”颍上：“秋大旱蝗。”

(8) 1934年。“全省大旱。”

表2.22和表2.23统计了不同标准等级下颍州府旱灾及水旱发生次数。

表2.22　颍州府、县历史旱灾发生次数记载统计表

年　份	府、县综合	小计	颍州府	阜阳	太和	颍上	亳州	涡阳	蒙城
前152—450	1	1					1		
451—950	9	13	7	3		1	2		
951—1450	10	10	7	1		1	1		
1451—1550	6	7	5		1	1			
1551—1650	19	34	12	3	4	7	4		4
1651—1750	18	31	13	5	1	4	5		3
1751—1850	8	12	2	5	1		4		
1851—1949	15	19	4		3	6	4		2
合　计	86	127	50	17	10	20	21		9

表 2.23　颍州府、县历史旱灾及水旱同年发生次数记载统计表

年　份	旱　灾　等　级				水旱同年
	大旱	偏大旱	一般旱	小计	
前 152—450		1		1	
451—950	2	1	6	9	1
951—1450			10	10	1
1451—1550			6	6	1
1551—1650		2	17	19	6
1651—1750	1		17	18	12
1751—1850	1	1	6	8	4
1851—1949	2		13	15	3
合　计	6	5	75	86	28

2.13　泗、宿州

泗、宿州位于安徽东北部，北有徐州府，南邻凤阳府，辖灵璧、砀山、萧县等县。泗、宿州南邻江淮丘陵，北靠华北平原，濉河、沱河自西北向东南蜿蜒穿境而过。

据《水旱史料》记载，公元前 132—1949 年的 2082 年中，记载泗、宿州旱灾 114 年，水旱同年 49 年。其中，泗州有 41 年，宿州有 51 年，灵璧有 25 年，砀山 10 年，萧县 18 年。较大旱灾的记载年份有 617、961、1109、1201、1337、1503、1509、1535、1579、1639、1640、1657、1671、1679、1785、1790、1856、1913、1934 年，共 19 年。

泗、宿州 1337、1509、1535、1579、1640、1679、1790、1856、1934 年共 9 年的灾象最为严重，对这些年旱情历史记载摘录如下：

(1) 1337 年。宿州："睢水东下，漂没田庐。"灵璧："夏五月睢水溢，漂庐舍，麦禾尽淹，自八月不雨至于四年三月。"

(2) 1509 年。泗州："夏大旱，蝗飞蔽日。"宿州："同泗州志，岁大饥，人相食。"

(3) 1535 年。泗州："五月不雨至十月蝗生，络绎不断，房屋皆遍，衣食悉啮。"宿州："睢河决，符离南北驿路十余里，弥漫皆水乡。"灵璧："睢水溢，淹南北十余里。"

(4) 1579 年。灵璧："春霖雨，夏秋旱，无麦禾，八年如之，九年亦如之，民食树皮草根，饿死甚众。"

(5) 1640 年。泗州："泗大旱饥。"萧县："大旱，秋蝗遍野，田无遗穗，大饥，人相食，以妇子易米三升，无复受者，东湖涸，生茅草，又有形如荸荠，而甚坚者，俗名猪巴子，人争噉之。干蝗蝻及蓼根灰苋干皮牛之属搜皆食无遗。"

(6) 1679年。“三月至八月不雨,凤、庐、安、滁、和等处亢旸不雨,禾苗尽枯,又蝗蝻云集,西成绝望,将凤属寿、宿、颍、亳、怀、定、五、虹、蒙、霍、盱、天、灵、颍上、太和庐属……安属……正米改折。”泗州:“大旱蝗食禾尽及草根,大水,城内水深丈余。”

(7) 1790年。“江南北州县均大旱,庐、凤、颍、六四属蝗甚。”泗州:“大旱,道殣相望。”宿州:“黄水大溢,隋堤川北庐舍全没,民多露处,巢栖。”

(8) 1856年。宿州:”夏大旱,飞蝗蔽野。”灵璧:“夏四月凤台、灵璧旱蝗。”萧县:“旱蝗,岱山湖涸,秋冬荒欠。”

(9) 1934年。“全省大旱。”

表2.24和表2.25统计了不同标准等级下泗、宿州旱灾及水旱发生次数。

表2.24　泗、宿州历史旱灾发生次数记载统计表

年　份	府、县综合	小计	泗州	宿州	灵璧	砀山	萧县
前132—450	3	3		2		1	
451—950	4	4	1	3			
951—1450	17	18	5	8	1	2	2
1451—1550	15	28	4	12	11	1	
1551—1650	15	17	2	7	2	1	5
1651—1750	26	30	13	5	2	5	5
1751—1850	17	23	11	8	1		3
1851—1949	17	22	5	6	8		3
合　计	114	145	41	51	25	10	18

表2.25　泗、宿州历史旱灾及水旱同年发生次数记载统计表

年　份	旱　灾　等　级				水旱同年
	大旱	偏大旱	一般旱	小计	
前132—450			3	3	
451—950	1		3	4	
951—1450	1	3	13	17	3
1451—1550	1	2	12	15	6
1551—1650	1	2	12	15	6
1651—1750	1	2	23	26	18
1751—1850	1	1	15	17	11
1851—1949	2	1	14	17	5
合　计	8	11	95	114	49

2.14 “江淮竭、井泉枯”等现象历史记载

关于“江淮竭，井泉枯”等现象的历史记载，可以追溯到明代和清代。这些描述反映了当时极端干旱的严重程度，意味着长时间缺乏降水导致江河水位下降，甚至干涸，以及地下水位降低，井泉无法提供水源。缺乏水利设施和技术，“江淮竭，井泉枯”等会导致农作物歉收、饮水困难、生态环境恶化、疾病流行等一系列严重问题。

2.14.1 “江淮竭、井泉枯”

安徽古代关于“江淮竭，井泉枯”现象的历史记载较为普遍。据乾隆颍州府志记载，589年，“江淮数百里水涸无鱼。”光绪庐州府志记载，1552年，“庐江大旱，湖水俱涸。”同治霍邱县志记载，1862年，“自春徂夏不雨，城西湖涓滴无存。”本书收集安徽历史上关于“江淮竭、井泉枯”的相关记载见表2.26。

表2.26　“江淮竭、井泉枯”等现象的历史记载

年　份	历　史　记　载	备　　注
前190	夏大旱，江水少，溪谷绝	见汉书五行志、康熙太平府志
	大旱，江竭可涉	见光绪安徽通志、民国太湖县志
309	夏大旱，江、汉、河、洛可涉	见晋书五行志、民国潜山县志
	夏大旱，江竭可涉	见康熙太平府志
322	丹阳旱，川谷徂竭	见康熙太平府志
323	旱，川谷俱竭	见乾隆当涂县志
	江淮数百里绝水无鱼	见乾隆霍邱县志
589	江淮数百里绝水无鱼	见光绪寿州志
	江淮数百里水涸无鱼	见乾隆颍州府志
	大旱，淮水无鱼	见光绪五河县志
617	大旱，自淮及江东绝水无鱼	见光绪安徽通志、乾隆江南通志
	自淮及江东绝水无鱼	见康熙太平府志
790	夏大旱，井泉俱竭	见嘉庆合肥县志
790	夏淮南大旱，井泉竭	见光绪寿州志
953	大旱，井泉涸	见康熙太平府志
1096	大旱，溪河涸竭	见乾隆当涂县志
	江东大旱，溪河涸竭	见康熙太平府志

续表

年份	历史记载	备注
1215	五月，百泉皆竭	见光绪寿州志
1279	淮河绵互数百里皆涸	见光绪五河县志
	自春徂秋大旱，江河皆涸	见道光繁昌县志
1434	自春徂秋大旱，江湖皆涸	见康熙太平府志
	自春徂秋大旱，江湖皆涸	见乾隆当涂县志
1523	四月大旱，溪河涸	见康熙太平府志
1552	庐江大旱，湖水俱涸	见光绪庐州府志
	淮水竭，井泉枯	见乾隆霍邱县志
	及秋大旱，井泉涸	见嘉庆怀远县志
	正月至八月不雨，淮河竭、井泉涸	见乾隆凤阳县志
1589	霍邱县旱，淮竭，井枯	见乾隆颍州府志
	正月至八月不雨，淮河竭、井泉枯	见光绪凤阳府志
	大旱，河井干涸	见乾隆望江县志
	大旱，城中井涸	见康熙含山县志
1595	秋冬旱，池井涸	见康熙徽州府志
1641	夏旱，湖水涸	见抄本巢县志
1643	川竭	见光绪贵池县志
1652	大旱，河水不流	见康熙太平府志
1671	大旱，涧泉河水皆涸	见道光繁昌县志
1735	夏旱，湖水涸	见光绪贵池县志
	夏旱，湖水涸	见乾隆池州府志
1785	大旱，川竭	见光绪霍山县志
	春旱，自去冬至是年、终岁无雨，江潮闭	见嘉庆无为县志
1802	夏大旱，井泉尽涸	见抄本绩溪县志
1856	春大旱，潼河涸为平道	见光绪五河县志
1862	自春徂夏不雨，城西湖涓滴无存	见同治霍邱县志
1932	瓦埠湖干涸，通行车辆	见陶枕秋来稿

2.14.2 “人相食”

古代抗旱措施薄弱，农业生产基本靠天吃饭，一旦遭遇旱灾无雨，极有可能导致农业减产绝收，因旱导致“人相食”这种残忍的现象在史书上时有记载。例如民国潜山县志记载，

1466年,“旱,大饥,江淮人相食。”光绪五河县志记载,1523年,“四月亢旱,秋禾尽枯,次年人乃相食。”光绪霍山县志记载,1642年,“山中草根树皮皆尽,有易于析骸以食者。”等。关于“人相食”的历史记载整理见表2.27。

表2.27 关于“人相食”的历史记载

年份	情况	备注
884	江南大旱,饥,人相食	见康熙太平府志
1466	旱,大饥,江淮人相食	见民国潜山县志
1487	旱,大饥,人相食	见乾隆霍邱县志
	夏大旱,人相食	见乾隆凤阳县志
1509	夏大旱,人相食	见光绪寿州志
	夏大旱,人相食	见乾隆灵璧县志
	夏旱,人相食	见乾隆凤阳县志
1523	四月亢旱,秋禾尽枯,次年人乃相食	见光绪五河县志
	正月至六月旱,……人相食	见光绪来安县志
1581	旱,人相食	见怀宁县志
1589	六、霍大旱,人相食	见光绪六安州志
	郡属大旱,饥,人相食	见光绪庐州府志
1640	六、霍大旱,人相食,至有父母自残其子女者	见光绪六安州志
	大旱,人民相食	见民国天长县志
	旱,人至相食	见乾隆霍邱县志
1641	又旱,人相食	见光绪霍山县志
	大旱,人相食	见乾隆望江县志
	大旱,人相食,死者枕藉	见怀宁县志
	大旱,饥者食人	见民国版桐城县志
	大旱,饥者刲人为食,无敢独行道路者	见民国潜山县志
	大旱,人相食,死者枕藉	见康熙安庆府志
1642	山中草根树皮皆尽,有易于析骸以食者	见光绪霍山县志
	霍山大饥,人相食	见光绪六安州志
1671	自三月至九月不雨,人民相食	见民国天长县志
1679	大旱,人相食	见民国天长县志
1785	六、霍大旱,人相食	见光绪六安州志
1856	大旱,人相食	见民国宁国县志
1863	斗米千钱,人相食	见抄本定远县志

由表2.27可见,在江淮地区,884—1863年共980年间,“人相食”的记载共有28次,惨

酷的状况令人心惊胆战。

2.14.3 “赤地千里”“籽草无收”

据光绪寿州志记载:1169 年,“秋冬不雨,淮郡麦种不入。”光绪五河县志记载:1523 年,“四月亢旱,秋禾尽槁。”乾隆望江县志记载:1589 年,“大旱,田亩颗粒无收,灾连数千里。”抄本巢县志记载,1641 年,“旱,山田尽为赤土。”整理关于“赤地千里”“籽草无收”等反映农业旱灾的历史记载见表 2.28。

表 2.28 关于“赤地千里”“籽草无收”等现象的历史记载

年份	情况	备注
1169	秋冬不雨,淮郡麦种不入	见光绪寿州志
1200	淮郡自春无雨,首种不入	见光绪凤阳府志
1215	池州旱,首种不入	见乾隆东流县志
1218	秋不雨至于冬,无麦苗	见光绪寿州志
1380	秋旱,无禾	见乾隆凤阳县志
1434	自春至冬大旱,麦禾不收	见乾隆当涂县志
	自春至冬大旱,麦禾不收	见光绪安徽通志、康熙太平府志
1478	夏不雨,无禾稼	见光绪青阳县志
1503	四月至九月不雨,二麦尽丹	见光绪五河县志
1511	春旱,无麦	见乾隆凤阳县志
	春旱,无麦	见光绪宿州志
1523	四月亢旱,秋禾尽槁	见光绪五河县志
	大旱,绝禾稼	见康熙含山县志
	正月至六月旱,禾尽槁	见道光来安县志
1579	比年夏秋旱,无禾麦	见乾隆灵璧县志
1580	比年夏秋旱,无禾麦	见乾隆灵璧县志
1581	比年夏秋旱,无禾麦	见乾隆灵璧县志
1588	大旱,二麦尽槁	见光绪五河县志
	夏秋大旱,稻菽尽坏	见光绪霍山县志
1589	春至秋不雨,野无青草	见乾隆霍邱县志
	正月至四月不雨,野无青草	见乾隆凤阳县志
	正月至八月不雨,野无青草	见光绪凤阳府志
	大旱,田亩颗粒无收,灾连数千里	见乾隆望江县志
	大旱,灾连数千里	见民国版桐城县志

续表

年份	情况	备注
1616	四月至八月不雨，禾菽枯死	见民国天长县志
1617	夏旱，禾稼尽枯	见光绪舒城县志
	大旱，无麦禾	见乾隆凤阳县志
1619	夏旱，禾苗皆枯	见光绪宿州志
1638	江淮吴楚之间上下千里……高原旱槁	见光绪安徽通志、康熙太平府志
1641	又旱，野无青草	见光绪霍山县志
	旱，山田尽为赤土	见抄本巢县志
1652	夏大旱，禾尽槁	见光绪五河县志
	大旱，禾尽槁	见光绪庐江县志
	大旱，赤地千里	见光绪宣城县志
	六月大旱，禾稼皆枯	见光绪颍上县志
1661	大旱，赤地千里，寸粒无收	见乾隆霍邱县志
1671	夏大旱，禾麦皆无	见光绪凤阳府志
	六月大旱，禾苗皆死	见民国宿松县志
	大旱，山田禾苗尽槁	见道光繁昌县志
	夏秋大旱，禾尽槁	见民国石埭县志
1679	大旱，野无青草	见同光六安州志
1708	秋大旱，山田尽槁	见光绪宣城县志
1715	自五月至十月始雨，一望赤地，禾稼尽枯焦	见民国石埭县志
1716	夏秋俱旱，禾失收	见嘉庆怀远县志
1751	夏大旱，禾尽槁	见嘉庆旌德县志
1785	旱，二麦失种	见光绪五河县志
	大旱，田颗粒无收	见民国天长县志
	奇旱，山田籽粒无收	见嘉庆无为县志
	大旱，五月至八月禾稼枯	见光绪舒城县志
	旱，自五月不雨，至七月始微雨，禾旱晚俱不登	见抄本绩溪县志
1807	夏旱，秧豆俱死	见民国天长县志
1814	夏大旱，禾半无穗，菽皆不秀而萎	见民国阜阳县志
	旱，田尽为赤土，青草俱无	见抄本巢县志
1840	夏大旱，豆禾尽枯	见光绪五河县志
1856	大旱，七阅月不雨，千里地皆赤	见民国定远大事记
1902	瓦埠河东秋禾籽草无收	见光绪寿州志
1934	先雨后旱，禾苗尽枯，几有赤地千里之概	见申报

第 3 章　公元前 190—1949 年旱灾

安徽自古以来旱灾频发，对农业生产、人民生活、社会稳定产生了重大影响。旱灾还经常与蝗灾、瘟疫等其他灾害相伴而生，形成一个范围广、时间长、危害大的灾害链。

目前学界一般认为，最早见诸文字的安徽旱灾记载是公元前 190 年（汉惠帝五年）发生的旱灾：是年，太平"夏大旱，江水少，溪谷绝"，六安"大旱"。由此，本章对公元前 190—1949 年间的 2000 余年安徽省历史旱灾进行全面梳理，对旱灾的时空分布特征及规律进行了初步归纳。由于历史记载不完整、不全面等原因，所以对干旱在时间上的规律的认识有一定局限性，但大量的史料梳理依然可以定性说明旱灾的频发性及其严重程度。

本章公元前 190—1949 年的旱灾记录基础数据来源于《气象灾害大典》。该大典资料来源主要为明史、清史及安徽各种地方史、志、典籍中的历史气象、水文记载，有关部门、单位、书刊汇编的调查分析材料。在地域范围上，该大典对不同历史行政区划内的记述均按现行行政区划界定。此外，由于史志中记述的多为定性的文字描述，所判断的灾情程度难免有一定的误差，为避免主观性，《气象灾害大典》编纂遵循"详今略古"的原则。

本章按照以下五个年代（为使统计数据不重复，朝代更替年份，如 960 年、1368 年等，统一划归为上一年代，下文均按此规则统计）分别进行旱灾分析：

（1）宋前时期（公元前 190—960 年）；

（2）宋元时期（961—1368 年）；

（3）明代（1369—1644 年）；

（4）清代（1645—1840 年）；

（5）近代（1841—1949 年）。

3.1　宋 前 时 期

宋前时期保存下来的旱灾记载资料较少，对《气象灾害大典》中宋前时期安徽干旱史料进行统计发现，该时期记载旱灾 43 年，约为每 26 年一次。旱灾频率最高的县集中于江淮丘陵区和淮北平原区，其中旱灾记载年次最多的为寿县，达 20 次；其次为当涂，达 14 次。此外，位于江淮丘陵区的霍邱、合肥、凤阳以及位于淮北平原区的阜阳、宿州均位于旱灾频率前列。

结合汪志国等的研究，宋前各朝代旱灾记载频率如表 3.1 所示。

表 3.1　宋代以前各时期安徽境内旱灾记载年次统计

朝　　代	旱灾记载年次	旱灾记载频率
西汉(前 190—25 年)	2	108 年/次
东汉(26—220 年)	6	33 年/次
魏(221　265 年)	2	23 年/次
西晋(266—316 年)	2	26 年/次
东晋(317—420 年)	5	21 年/次
南代(421—589 年)	3	56 年/次
隋代(581—618 年)	2	19 年/次
唐代(619—907 年)	23	13 年/次
五代(908—960 年)	3	18 年/次

由表 3.1 可见，从秦汉时期、魏晋南北代到隋唐时期，有记载的旱灾频率呈增加趋势。需要指出的是，历史越久远，保存下来的记载越少，因此旱灾记载的次数与真实发生旱灾的次数可能存在一定偏差，甚至较大偏差，这很大程度是由历史记载的不完整性造成的。由于历史记载古代略于近代，而方志纂修又多开始于明、清两代，所以时代越近，记载越详细、资料保存越完整，并不能够据此认为古代严重的旱灾较少。

从旱灾波及的范围来看，宋代以前，每次旱灾波及的范围从 1 个到 29 个县(州)不等。在 23 个受灾面积较大的年份中，有 13 个是发生在唐代，可见在宋代之前的一千多年中，唐代旱灾发生的频率最高。其中较为典型的一次旱灾是 805 年(唐永贞元年)大旱灾。据《气象灾害大典》记载，这年的灾害范围波及了寿县、当涂、合肥、淮南等地："寿县：秋，旱。当涂：秋，旱。合肥：旱。是年，淮南等二十州旱"。《水旱史料》对该年旱灾也有记载："秋，淮南旱"，可见此次旱灾范围之广。805 年，安徽境内有 15 个州、55 个县，本次旱灾涉及 23 个县，约 42%的县(州)出现了旱灾。

3.2　宋 元 时 期

宋元时期记载旱灾 100 年，约为每 4.1 年一次。统计安徽宋元时期各县旱灾记载年次，如图 3.1 所示。

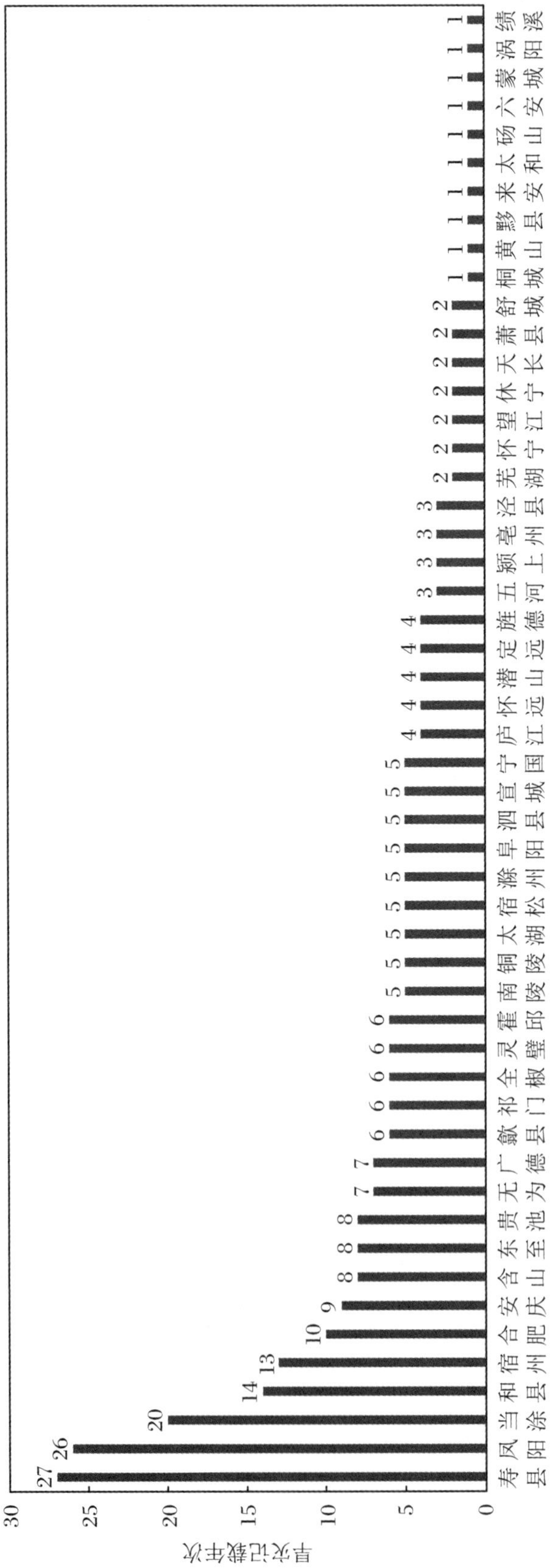

图 3.1 宋元时期(961—1368 年)安徽各县旱灾记载年次

宋代记载旱灾的年份有70年，平均4.6年有1年发生旱灾；元代记载旱灾的年份有30年，平均3.0年有1年旱灾。宋元时期，旱灾记载频率最高的县为寿县，达27次，其次为凤阳，达26次，这两地均位于江淮丘陵区，可见江淮丘陵区自古以来就是旱灾频发的地区。与同期全国旱灾频率的平均值相比，宋元时期安徽旱灾频率低于全国平均频率；但与安徽宋代以前时期相比，宋元时期的旱灾记载频率大大增加了。

根据汪志国对宋元时期安徽旱灾的研究，波及范围在10个县以上的旱灾共有5年，其中，南宋有4年，元代有1年，大致情况如下：

(1) 南宋淳熙7年(1180年)有10县发生旱灾："安庆、怀宁、宿松：自四月不雨至九月，大旱。和县：大旱，自七月不雨至九月。无为：大旱。池州、东至、歙县、休宁：大旱。广德：大旱尤甚。"

(2) 南宋绍熙5年(1194年)有16县发生旱灾："宿州、灵璧、泗县、五河、怀远、滁州、定远、开长、来安、寿县：大旱，滁为甚，人食草木。凤阳：旱。合肥、全椒、舒城：大旱，饥，人相食。含山、和县：大旱，冬，饥，人食草木。"

(3) 南宋嘉泰元年(1201年)有19县发生旱灾："全省大旱。宿州、灵璧、泗县、五河、怀远、亳州、涡阳、蒙城、太和、阜阳、颍上、凤阳、定远、天长、寿县、霍邱、当涂、绩溪、歙县：旱，饥。"

(4) 南宋嘉定8年(1215年)有13县发生旱灾："全省春至秋大旱。南陵、旌德、泾县、广德、池州、东至：春，旱，首种不入，至八月乃雨。宁国、宣城：春、夏、秋，大旱，宁国尤甚，至八乃雨。寿县：五月，大燠，草木枯槁，百泉皆竭，江淮杯水数十钱，渴死者甚众。凤阳：大旱；铜陵：大旱。芜湖：旱。歙县：旱。当涂：旱甚。"

(5) 元大德4年(1300年)有10县发生旱灾："当涂：二月旱。芜湖、南陵、宣城、旌德、宁国：三月，旱。凤阳、寿县：五月，被旱蝗。泾县、太平：旱，发粮一万石赈之。"

3.3　明　　代

明代记载旱灾177年，约为每1.6年一次。统计明代各县旱灾记载年次，如图3.2所示。

由图3.2可见，明代旱灾记载年次较之前的历史时期大幅增加。其中旱灾记载年次最多的为凤阳县，达47次，其次为宿州，达33次。以凤阳为代表的江淮丘陵区和以宿州为代表的淮北平原区在各代旱灾记载频率位居前列，这些地区至今仍是安徽旱灾最为严重的区域。此外，位于旱灾记载频率前列的还有淮北平原区阜阳、五河，江淮丘陵区来安、合肥等地，以及沿江江南地区的歙县、贵池、当涂、休宁、铜陵等地。

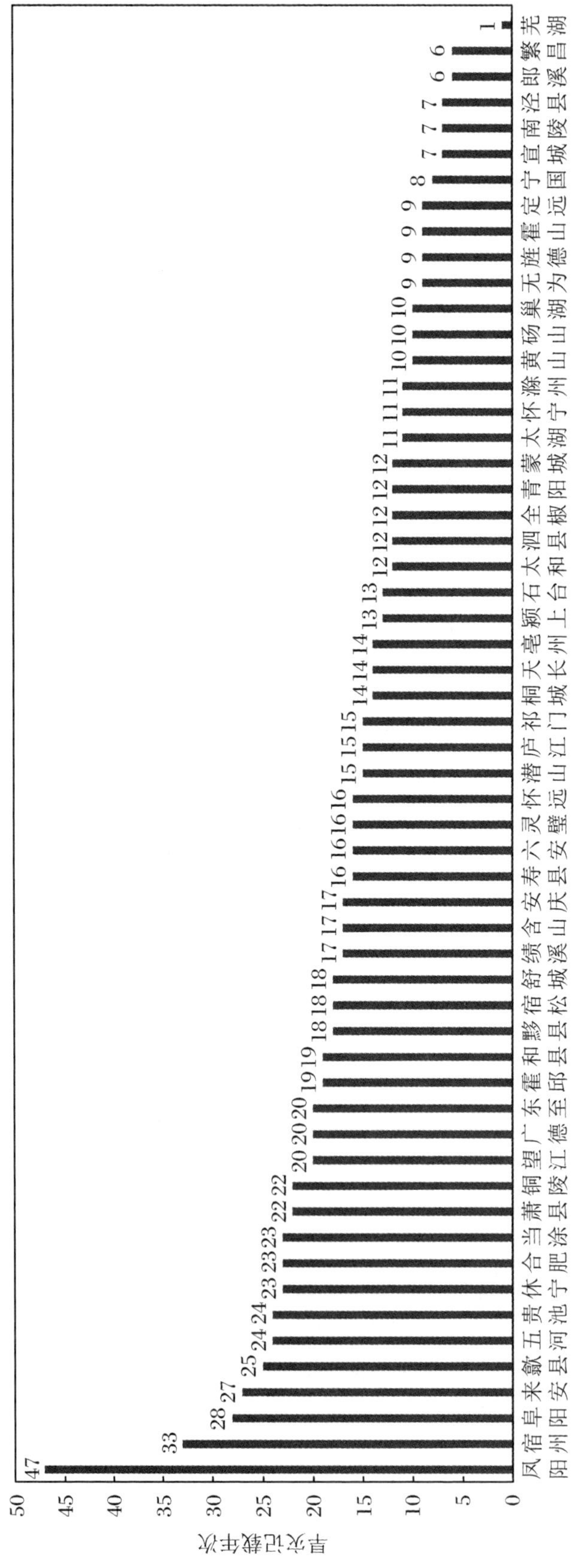

图 3.2　明代(1369—1644 年)安徽各县旱灾记载年次

与明代以前相比，明代旱灾发生频率偏高，且呈现越往后频率越高的趋势。1470年以后，每10年至少有5年出现旱灾，尤其是1481（成化十七年）—1490年（弘治三年）、1531（嘉靖十年）—1540年（嘉靖十九年）、1561（嘉靖四十年）—1570年（隆庆四年）、1601（万历二十九年）—1610年（万历三十八年）4个时间段，安徽每年都发生旱灾。《气象灾害大典》中记载明代安徽境内每10年旱灾年数，如表3.2所示。

表3.2　明代安徽每10年旱灾记载年次简表

年　份	记载年次	年　份	记载年次	年　份	记载年次
1369—1370	2	1461—1470	4	1561—1570	10
1371—1380	4	1471—1480	7	1571—1580	9
1381—1390	2	1481—1490	10	1581—1590	9
1391—1400	3	1491—1500	5	1591—1600	6
1401—1410	1	1501—1510	9	1601—1610	10
1411—1420	4	1511—1520	7	1611—1620	9
1421—1430	0	1521—1530	9	1621—1630	8
1431—1440	7	1531—1540	10	1631—1640	9
1441—1450	7	1541—1550	9	1641—1644	3
1451—1460	6	1551—1560	7		

汪志国在《明代安徽自然灾害及灾荒救治》一文中对旱灾范围在30个县以上的受灾年份统计如下：

（1）1523年有39个县发生旱灾，即怀远、合肥、歙县、五河、六安、天长、来安、和县、当涂、宿州、灵璧、阜阳、颍上、凤阳、舒城、庐江、巢湖、无为、安庆、望江、怀宁、宿松、滁州、桐城、潜山、太湖、砀山、萧县、亳州、蒙城、全椒、含山、繁昌、黟县、铜陵、贵池、东至等。

（2）1588年有32个县发生旱灾，即霍邱、来安、泗县、凤阳、五河、太和、阜阳、贵池、青阳、东至、旌德、蒙城、南陵、宣城、郎溪、广德、宁国、六安、霍山、含山、当涂、桐城、怀宁、潜山、太湖、望江、宿松、安庆、绩溪、祁门、歙县、休宁。

（3）1589年有32个县发生旱灾，即萧县、怀远、凤阳、合肥、庐江、霍邱、舒城、宿松、铜陵、望江、霍山、阜阳、全椒、郎溪、广德、来安、巢湖、贵池、东至、青阳、当涂、黟县、六安、含山、和县、无为、桐城、怀宁、潜山、旌德、绩溪、祁门。

（4）1640安徽有36个县发生旱灾，即望江、六安、霍山、泾县、萧县、石台、全椒、东至、宿州、怀远、泗县、含山、五河、亳州、蒙城、阜阳、颍上、滁州、和县、宣城、宁国、凤阳、定远、天长、合肥、舒城、黟县、霍邱、当涂、南陵、宣城、宁国、铜陵、贵池、太湖、休宁。

（5）1641年是与1640年连续发生的连旱，旱灾范围进一步扩大，增至41个县，旱情波及巢湖、六安、阜阳、颍上、霍邱、石台、砀山、桐城、望江、东至、太湖、贵池、泾县、绩溪、宿州、怀远、铜陵、萧县、五河、亳州、天长、全椒、合肥、庐江、霍山、含山、和县、无为、当涂、南陵、安庆、怀宁、宿松、铜陵、潜山、青阳、广德、宁国、旌德、太平、歙县。

3.4 清　　代

清代记载旱灾170年,约为每1.2年一次。统计安徽清代各县发生的旱灾记载年次,如图3.3所示。

由图3.3可见,清代安徽旱灾记载次数最多的是凤阳和无为,均为37次;其次是合肥,为33次。清代旱灾空间分布以江淮丘陵区最为严重,在旱灾记载频率中,江淮丘陵区凤阳、合肥、来安、天长、定远、舒城、六安等地均位居前列。可见,随着时间的推进,历史资料保存的不断完善,旱灾空间格局已和当代安徽旱灾格局更加类似。

根据汪志国对安徽清代的旱灾研究,旱灾范围在10个以上县的年份有31个,如表3.3所示。

表3.3　清代旱灾范围在10个县以上的年份

顺治	1652(42)、1653(12)、1654(10)、1661(13)
康熙	1667(13)、1671(45)、1672(25)、1678(20)、1679(43)、1693(23)、1707(17)、1709(11)、1714(21)、1716(32)、1721(10)
雍正	1723(13)
乾隆	1738(41)、1739(10)、1743(13)、1751(15)、1752(12)、1768(19)、1775(21)、1778(14)、1781(10)、1785(52)、1786(14)
嘉庆	1802(24)、1811(10)、1814(32)
道光	1835(18)

注:括号内是受灾县(州)的个数。

汪志国在《明代安徽自然灾害及灾荒救治》一文中对旱灾范围在40个县以上的受灾年份统计如下:

(1) 1652年(顺治九年)42个县(州)发生旱灾:六安、霍山、桐城、庐江、无为、芜湖、当涂、铜陵、潜山、滁州、全椒、望江、太湖、怀宁、五河、颍上、舒城、贵池、东至、宣城、绩溪、石台、砀山、萧县、泗州、灵璧、亳州、涡阳、阜阳、太和、凤阳、定远、天长、来安、寿县、无为、宿松、泾县、蒙城、含山、南陵、合肥。

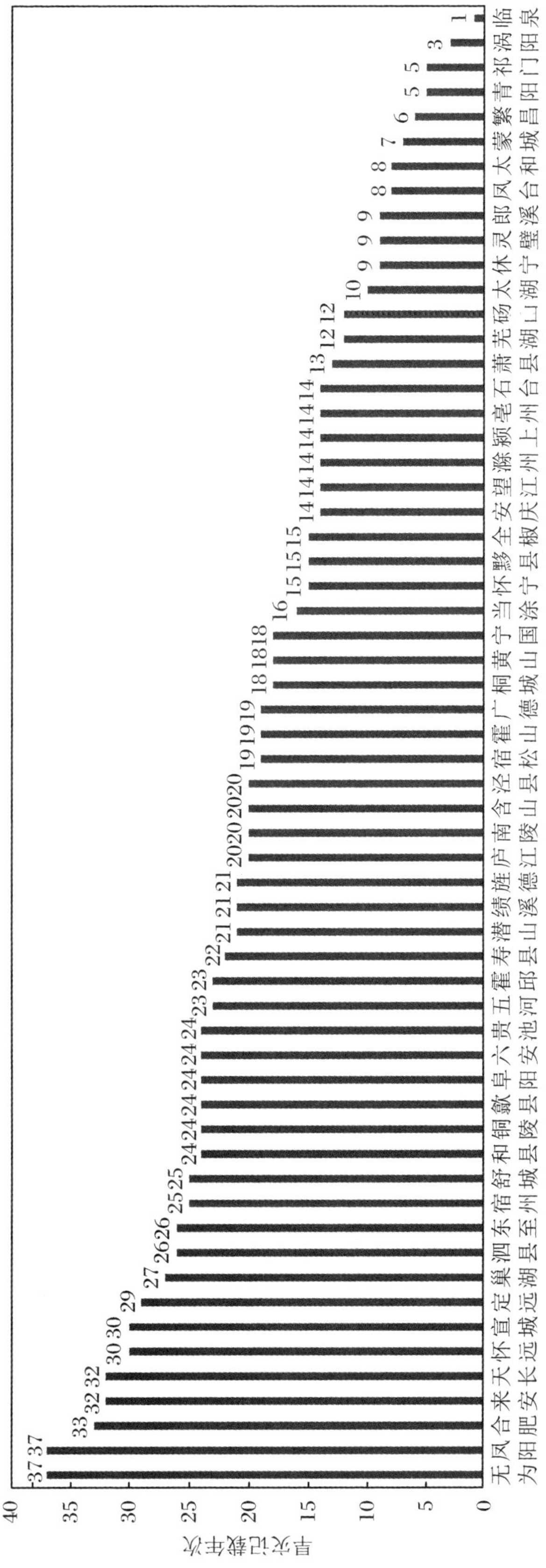

图3.3　清代(1645—1840年)安徽各县旱灾记载年次

(2) 1671 年(康熙十年)45 个县(州)发生旱灾:天长、桐城、潜山、太湖、来安、当涂、芜湖、全椒、滁州、合肥、巢县、庐江、东至、宣城、宁国、凤阳、南陵、望江、泗州、石台、怀宁、五河、泾县、宿松、灵璧、定远、寿州、霍邱、霍山、舒城、无为、歙县、黟县、怀远、阜阳、蒙城、含山、和县、铜陵、贵池、青阳、广德、郎溪、绩溪、繁昌。

(3) 1679 年(康熙十八年)43 个县(州)发生旱灾:宿州、砀山、灵璧、五河、怀远、亳州、涡阳、蒙城、阜阳、太和、滁州、定远、来安、全椒、寿州、霍邱、舒城、合肥、庐江、巢县、六安、霍山、无为、南陵、宿松、太平、贵池、望江、怀宁、东至、太湖、当涂、泗州、天长、含山、和县、宣城、郎溪、绩溪、休宁、黟县、桐城、歙县。

(4) 1738 年(乾隆三年)41 个县(州)发生旱灾:无为、泾县、南陵、宣城、宁国、舒城、宿州、霍邱、宿松、旌德、当涂、泗州、五河、合肥、六安、怀宁、贵池、青阳、东至、广德、怀远、桐城、潜山、太湖、定远、滁州、寿州、来安、巢县、含山、庐江、天长、霍山、芜湖、宣城、绩溪、和县、繁昌、铜陵、望江、太平。

(5) 1785 年(乾隆五十年)52 个县(州)发生旱灾:无为、宿州、六安、霍山、舒城、南陵、绩溪、歙县、桐城、太湖、黟县、宿松、广德、宣城、东至、巢县、来安、合肥、庐江、萧县、亳州、凤台、五河、灵璧、怀远、涡阳、蒙城、太和、颍上、阜阳、滁州、凤阳、定远、全椒、寿州、芜湖、当涂、怀宁、潜山、贵池、青阳、宁国、泗州、天长、霍邱、和县、繁昌、怀宁、郎溪、泾县、旌德、太平。

3.5 宋代至清代

纵观公元前 190—1949 年旱灾记载史料,宋前时期保存下来的史料记载较少,近代由于各地观测条件、记载频率差异较大,且受战争影响,资料一致性不够理想,相对而言,宋代至清代(960—1840 年)的旱灾资料具有较好的完整性和一致性。因此,本节将宋代至清代旱灾进行汇总分析。

统计《气象灾害大典》宋代至清代安徽旱灾史料可得:安徽在宋代至清代共记载旱灾 447 年,约为每 2.0 年一次。统计该时期各县旱灾记载年次,如图 3.4 所示。

由图 3.4 可见,宋代至清代凤阳的旱灾记载年次最多,达 110 年次;其次是宿州,达 71 年次;再次是合肥,达 66 年次。在旱灾记载频率较高的县中,凤阳、合肥、寿县、来安、霍邱均处于江淮丘陵区,可以看出该地区自古以来是安徽省旱灾严重频发的地区。淮北平原区的宿州和阜阳旱灾记载频次也很高,这与当代旱灾情况一致。皖南地区如贵池、歙县、东至、无为、铜陵等地旱灾记载频率也较高。

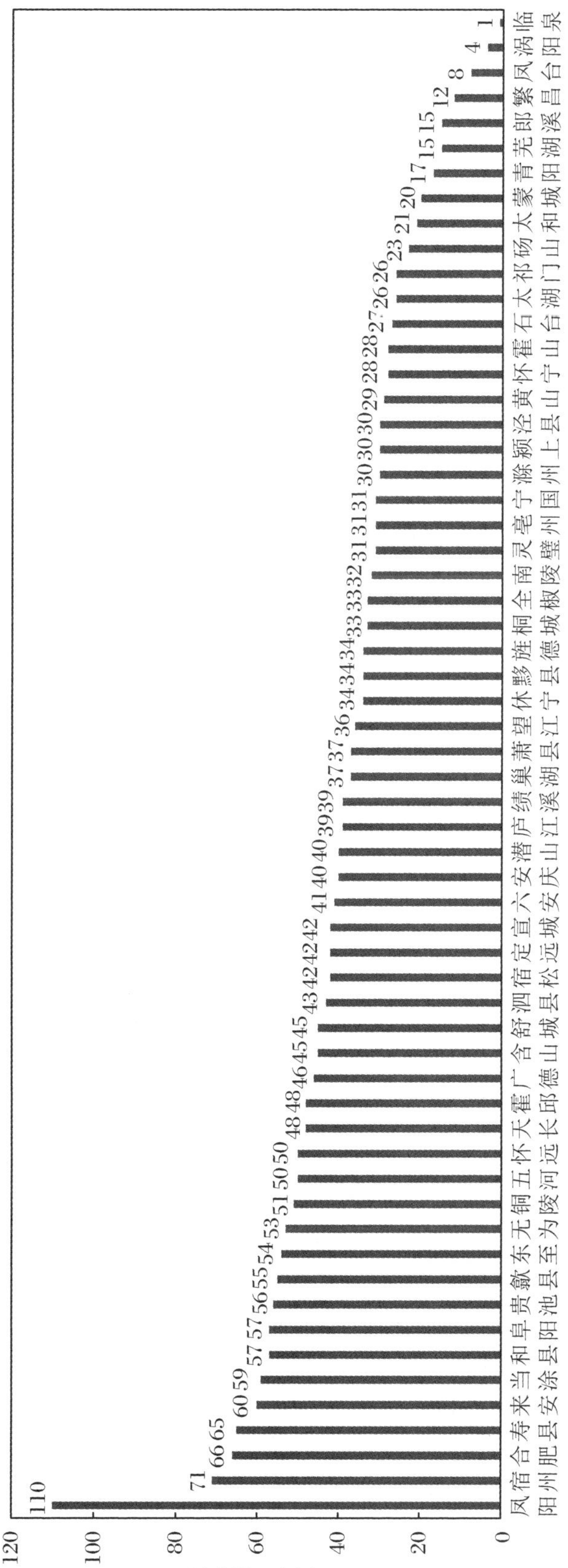

图 3.4　宋代至清代(961—1840 年)安徽各县旱灾记载年次

3.6 近　　代

统计《气象灾害大典》近代安徽旱灾史料可得:该时期记载旱灾 99 年,约为每 1.1 年一次。统计近代安徽各县旱灾记载年次,如图 3.5 所示。

由图 3.5 可见,近代安徽记载的干旱最频发地区是地处长江沿岸的芜湖,这与古代及现代的安徽旱灾分布特点均有较大差异。这可能是近代芜湖的气象观测条件较其他地区更有优势、气象记载更加翔实导致的。《气象灾害大典》中提到,1880 年,在芜湖建立了安徽省第一个近代气象仪器观测站点,分析逐年史料发现,在此之后的 1886—1905 年,除 1894 年外,其余年份芜湖均记载了干旱,记载频次远远高于其他地区,这可能是芜湖在近代旱灾记载频次位居全省首位的重要原因。由此也可看出,历史旱灾记载在时间和空间上均存在一些记录不完整和标准不统一之处,在局部地区可能出现偏差,但长系列的统计仍能够还原历史旱灾的整体时空分布。

除芜湖以外,近代干旱记载频次较高的地区仍与之前时期较为接近,如江淮丘陵区的合肥、六安、定远、霍邱、寿县等地,以及淮北平原区的宿州、临泉等地,以及皖南的广德、宣城等地。

据史料记载,近代安徽几乎年年干旱,统计各县受灾年份,如表 3.4 所示。

表 3.4　近代安徽各县旱灾记载年份统计表

县名	受灾年份	共计
芜湖	1856,1877,1881,1886,1887,1888,1889,1890,1891,1892,1893,1894,1895,1896,1897,1898,1899,1900,1902,1903,1904,1905,1908,1909,1913,1914,1917,1918,1919,1920,1921,1922,1923,1924,1925,1926,1928,1929,1930,1933	30 年
合肥	1845,1856,1858,1862,1864,1870,1888,1891,1892,1900,1902,1910,1913,1914,1929,1932,1934,1938,1940,1944,1945	21 年
宿州	1847,1852,1856,1862,1875,1876,1877,1886,1894,1899,1914,1917,1928,1929,1930,1932,1935,1936	18 年
六安	1841,1842,1843,1844,1845,1856,1857,1858,1860,1867,1869,1870,1888,1922,1923,1929,1943,1945	18 年
定远	1842,1846,1856,1857,1862,1869,1876,1877,1879,1880,1891,1892,1893,1894,1916,1934	16 年
颍上	1853,1856,1857,1858,1859,1860,1861,1913,1922,1929,1932,1935,1942	13 年
桐城	1856,1866,1867,1889,1890,1892,1914,1917,1918,1920,1922,1934,1942	13 年
和县	1851,1856,1862,1867,1874,1875,1876,1890,1891,1892,1935,1937	12 年
五河	1841,1845,1856,1966,1867,1874,1876,1877,1885,1893,1894	11 年
寿县	1855,1856,1858,1859,1860,1902,1913,1932,1933,1949	10 年
南陵	1846,1856,1857,1858,1860,1861,1863,1871,1898,1903	10 年
灵璧	1856,1885,1895,1898,1899,1910,1913,1917,1923,1932	10 年

续表

县名	受　灾　年　份	共计
亳州	1851,1857,1863,1876,1891,1892,1893,1894,1923,1947	10年
太平	1850,1856,1857,1859,1861,1893,1894,1895,1896	9年
临泉	1897,1905,1907,1917,1932,1939,1940,1941,1942	9年
霍邱	1856,1857,1862,1867,1892,1894,1907,1908,1909	9年
无为	1857,1864,1876,1918,1919,1927,1929,1945	8年
霍山	1841,1842,1845,1853,1856,1857,1858,1891	8年
蚌埠	1918,1919,1922,1925,1926,1927,1928,1939	8年
黟县	1874,1876,1879,1881,1887,1896,1898	7年
萧县	1855,1856,1857,1861,1862,1865,1868	7年
泗县	1851,1856,1858,1867,1870,1877,1885,1923	7年
全椒	1856,1878,1888,1891,1911,1914,1915	7年
潜山	1846,1856,1864,1889,1895,1897,1913	7年
广德	1856,1857,1862,1877,1879,1924,1934	7年
凤阳	1847,1849,1853,1854,1855,1856,1899	7年
石台	1853,1854,1856,1898,1913,1926,1934	7年
太湖	1856,1858,1864,1865,1920	5年
宿松	1856,1887,1891,1920,1921	5年
祁门	1856,1863,1940,1945,1946	5年
宁国	1852,1855,1856,1862,1934	5年
怀远	1856,1870,1925,1930,1932	5年
贵池	1853,1854,1856,1857,1862	5年
宣城	1857,1858,1873,1876,1887	4年
太和	1876,1877,1891,1899	4年
舒城	1859,1875,1891,1895	4年
庐江	1856,1857,1877,1936	4年
淮北	1913,1930,1933,1941	4年
阜阳	1856,1899,1942,1947	4年
枞阳	1928,1934,1941,1944	4年
安庆	1856,1930,1933,1936	4年
蒙城	1976,1913,1914	3年
怀宁	1856,1871,1887	3年
巢湖	1857,1858,1870	3年
望江	1867,1934	2年
天长	1854,1856	2年
歙县	1845,1862	2年
繁昌	1843,1844	2年
滁州	1845,1856	2年
泾县	1861	1年

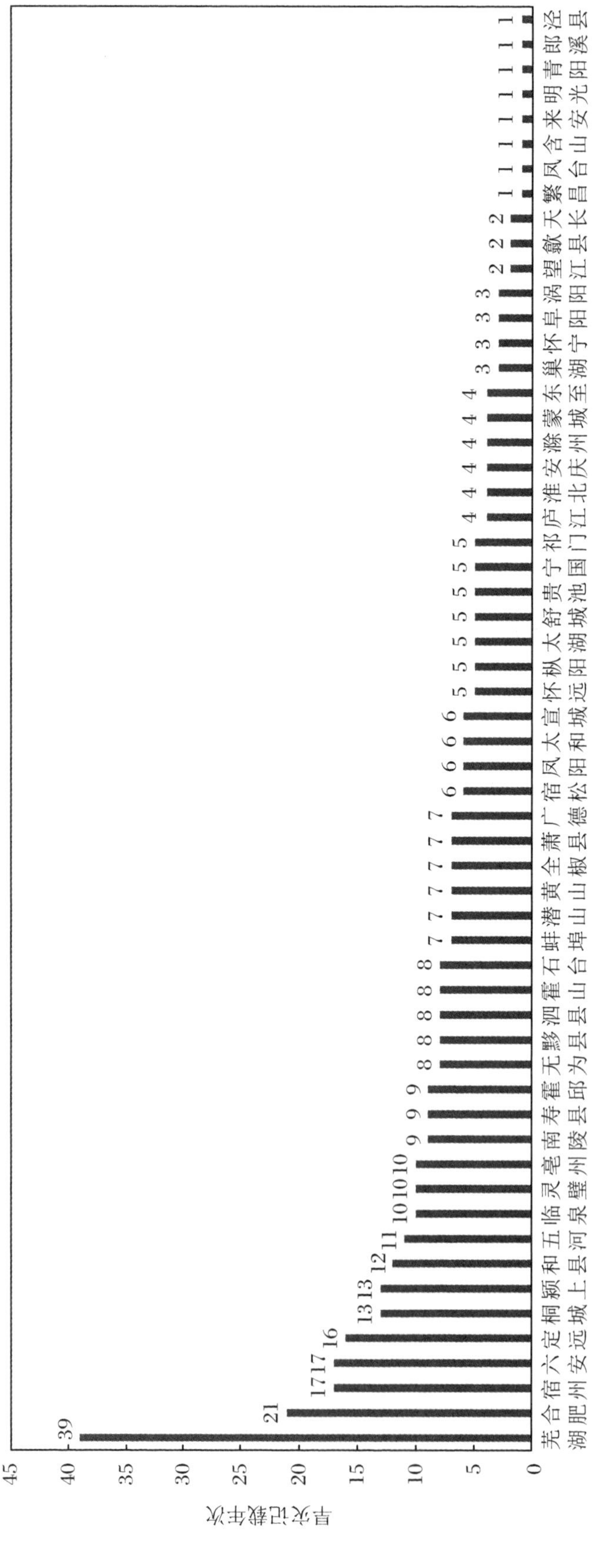

图 3.5 近代(1841—1949 年)安徽各县旱灾记载年次

由表3.4可见，安徽近代共有99年记载旱灾，平均每1.2年出现一次。1849—1881年，只有1872年无干旱受灾记载，其余32年均受灾。从空间分布上来看，芜湖地区最为严重，在该时期共记载了30年旱灾；其次为合肥，记载了21年。

3.7　历史旱灾记载对比分析

将第2章所依据的《水旱史料》与本章《气象灾害大典》旱灾记载史料进行对比，统计两个版本关于公元前190—1949年间各县旱灾记载次数，结果如表3.5所示。

表3.5　《气象灾害大典》和《水旱史料》旱灾记载次数对比

县名	《气象灾害大典》	《水旱史料》	相差年份	县名	《气象灾害大典》	《水旱史料》	相差年份
凤阳	121	53	68	庐江	45	38	7
合肥	94	31	63	南陵	44	35	9
寿县	94	81	13	颍上	44	20	24
宿州	93	51	42	萧县	44	18	26
当涂	73	48	25	亳州	44	21	23
和县	70	49	21	黟县	43	12	31
阜阳	67	17	50	灵璧	41	25	16
霍邱	66	60	6	绩溪	41	37	4
五河	63	56	7	巢湖	40	25	15
六安	62	32	30	望江	40	34	6
无为	61	39	22	全椒	40	30	10
来安	61	52	9	宁国	39	12	27
贵池	61	47	14	霍山	36	19	17
歙县	59	28	31	旌德	36	30	6
定远	58	44	14	休宁	35	52	-17
东至	58	24	34	石台	35	27	8
怀远	57	40	17	滁州	34	19	15
芜湖	55	13	42	泾县	34	32	2
舒城	53	34	19	太湖	33	35	-2
广德	53	41	12	怀宁	31	25	6
宣城	53	42	11	祁门	31	25	6

续表

县名	《气象灾害大典》	《水旱史料》	相差年份	县名	《气象灾害大典》	《水旱史料》	相差年份
泗县	52	41	11	太和	27	10	17
铜陵	51	37	14	砀山	24	10	14
宿松	51	57	-6	蒙城	24	9	15
潜山	50	45	5	青阳	18	10	8
天长	50	42	8	郎溪	16	7	9
安庆	49	46	3	繁昌	13	15	-2
桐城	48	34	14	凤台	9	7	2
含山	46	31	15				

由表3.5可见，在有史料记载的57个县中，仅有休宁、太湖、宿松和繁昌4县在《水旱史料》中的记载次数多于《气象灾害大典》，其余县的记载次数均为《气象灾害大典》多于《水旱史料》。这是因为在《气象灾害大典》编纂过程中，除了参考《水旱史料》报告外，还广泛收集了地方史、志、典籍中的历史气象、水文记载等资料，且《气象灾害大典》出版于2007年，较《水旱史料》晚了26年，所以资料来源更为丰富。另一方面，《水旱史料》中侧重农业旱灾记载史料，而《气象灾害大典》还收集了气象干旱史料，因此涵盖的范围更广。例如，芜湖在《水旱史料》中仅记载13次，而在《气象灾害大典》中记载了55次，其中39次来自近代记载，这很大程度上是芜湖于1880年设立了安徽第一个现代气象观测站，气象干旱观测较为完善而导致的。

虽然《气象灾害大典》和《水旱史料》两个版本关于旱灾的记载次数不一致，但所呈现的时空分布趋势和规律是基本一致的。寿县、凤阳、宿州、当涂、和县和池州均为旱灾记载频率最高的县，可见这些地区在历史上旱情相当严重。两个版本旱灾记载次数相差最大的10个县分别为凤阳、合肥、阜阳、宿州、芜湖、东至、歙县、黟县、六安和宁国。

第 4 章　1950—2023 年旱灾

1950—2023 年，安徽省陆续兴建了一大批大、中型水利工程，加上农田水利建设成效显著，蓄水和水量调控能力大为增强，灌溉面积逐年扩大，基本上可以抗御一般性干旱，特大干旱也有可靠对策。但是，由于省境内降水年际间悬殊大，尤其是近年来极端气候事件高发频发，干旱灾害时有发生。

本章以《安徽防汛抗旱 65 年》、《气象灾害大典》、水利部《中国水旱灾害公报》和《中国水旱灾害防御公报》、安徽应急管理部门旱灾统计等资料为基础，梳理 1950—2023 年安徽旱灾资料，对历年旱灾受灾面积、成灾面积进行时序统计分析和灾情空间分布分析，探讨安徽旱灾时空分布及演变特征。

1990 年以来，安徽省行政区划经历了一些调整，导致逐年县区有部分不统一之处。本章以 2024 年行政区划为基准，尽量将行政区划统一至当前行政区划下，其中有一些区的数字无法分解，则采取简化处理。这些地区大多位于城区，涉及的旱灾面积一般很小，不影响整体分析。

4.1　1950—2023 年受灾、成灾面积统计

统计 1950—2023 年安徽逐年干旱受灾、成灾面积，如表 4.1 所示。所采用数据来源包括《安徽防汛抗旱 65 周年》、水利部《中国水旱灾害公报》、《中国水旱灾害防御公报》、安徽省应急管理部门灾情资料。大部分数据以水利部公报为准，对少数空缺的数据、明显不合理的数据进行了必要的补充、修订。其中包括公报数据中，1998、2008、2010、2015、2021 和 2023 年，受灾面积及成灾面积为 0，本次根据应急管理部门及其他相关报告的灾情数据，对上述数据进行了修正。

表 4.1　安徽 1950—2023 年逐年旱灾受灾、成灾面积

（单位：万亩①）

年　份	受灾面积	成灾面积	年　份	受灾面积	成灾面积
1950	342	342	1987	561	275
1951	316	316	1988	2724	1233

① 1 亩≈666.7 m^2。

续表

年份	受灾面积	成灾面积	年份	受灾面积	成灾面积
1952	507	507	1989	1005	321
1953	1800	1800	1990	1599	754
1954	364	364	1991	2549	1095
1955	224	224	1992	3741	1606
1956	91	91	1993	1004	254
1957	333	333	1994	5675	3929
1958	4412	1833	1995	2912	1351
1959	5432	3426	1996	3404	615
1960	1227	825	1997	5879	1318
1961	3866	1826	1998	3450	518
1962	1324	1163	1999	2221	1572
1963	245	196	2000	4639	3348
1964	2164	858	2001	3820	2819
1965	856	555	2002	587	299
1966	3205	2666	2003	598	260
1967	983	668	2004	278	185
1968	584	392	2005	710	494
1969	162	101	2006	1029	690
1970	202	111	2007	28	17
1971	418	233	2008	20	12
1972	194	121	2009	1230	51
1973	995	661	2010	62	30
1974	548	364	2011	633	31
1975	134	72	2012	924	414
1976	1895	1125	2013	608	351
1977	2584	1079	2014	425	90
1978	4170	2581	2015	86	50
1979	1508	754	2016	269	191
1980	87	40	2017	325	151
1981	818	380	2018	258	66
1982	329	173	2019	1022	579
1983	212	121	2020	134	28

续表

年　份	受灾面积	成灾面积	年　份	受灾面积	成灾面积
1984	614	283	2021	90	10
1985	2333	905	2022	547	22
1986	1791	675	2023	85	15
合　计	102400	53208			

由表 4.1 可见，1950—2023 年共 74 年间，安徽因干旱共计受灾面积约为 10.24 亿亩，共计成灾面积约为 5.32 亿亩；年均受灾面积为 1384 万亩，年均成灾面积为 719 万亩。其中，受灾面积最大的年份为 1997，受灾面积为 5879 万亩；成灾最大的年份为 1994 年，成灾面积为 3929 万亩。

图 4.1 展示了安徽 1950—2023 年逐年受灾、成灾面积。

以 1000 万亩为区间，统计 1950—2023 年间各区间面积的受灾年份及年数占比，如表 4.2 所示。

表 4.2　1950—2023 年各区间受灾面积年份统计

受灾面积(万亩)	年份数	年份数占比	年　　份
<1000	43	58.1%	其他年份
1000～2000	12	16.2%	1993，1989，2019，2006，1960，2009，1962，1979，1990，1986，1953，1976
2000～3000	7	9.4%	1964，1999，1985，1991，1977，1988，1995
3000～4000	6	8.1%	1966，1996，1998，1992，2001，1961
4000～5000	3	4.1%	1958，1978，2000
>5000	3	4.1%	1959，1994，1997

分析表 4.2 可以看出：

(1) 受灾面积低于 1000 万亩的年份最多，占 75 年的 58.1%；

(2) 2000 年后，受灾面积较 2000 年前大幅降低。年受灾面积超过 4000 万亩的年份均为 2000 年以前；受灾面积超过 3000 万亩的年份中，除 2001 年以外，也均为 2000 年以前。

进一步分析安徽 1950 年以来各代际年平均受灾面积及成灾面积(21 世纪 20 年代仅有 3 年，未进行统计)，结果如图 4.2 所示。

由图 4.2 可见，各代际中，20 世纪 90 年代旱灾最为严重，年平均受灾面积达 3243 万亩，年平均成灾面积达 1301 万亩，受灾面积和成灾面积分别为 1950 年以后多年平均值的 2.3 倍和 1.8 倍。自 2000 年以后，旱灾面积呈递减趋势，2010 年代旱灾受灾面积和成灾面积均为新中国成立后最低。

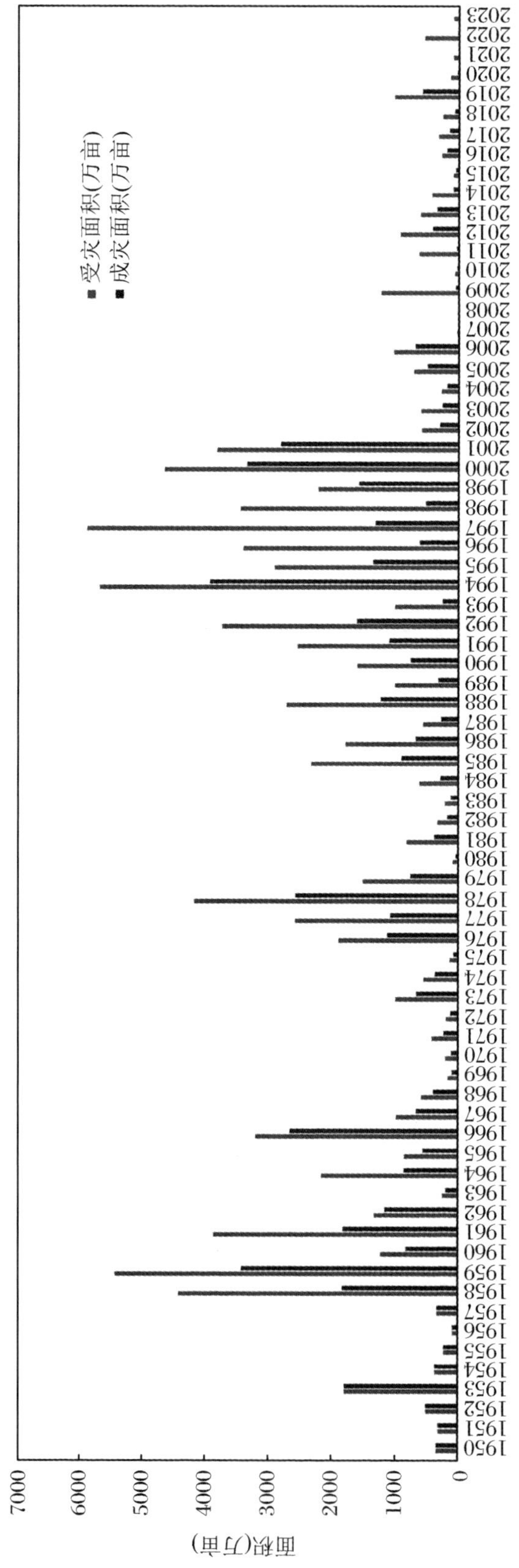

图 4.1　安徽 1950—2023 年逐年因旱受灾、成灾面积

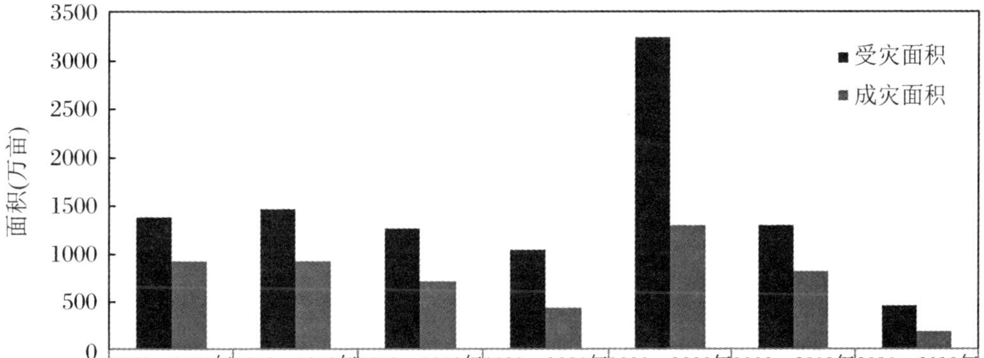

	1950—1959年	1960—1969年	1970—1979年	1980—1989年	1990—1999年	2000—2009年	2010—2019年
■ 受灾面积	1382	1462	1265	1047	3243	1294	461
■ 成灾面积	924	925	710	441	1301	817	195

图 4.2　各代际年平均受灾及成灾面积

4.2　旱灾灾情空间分布

本书收集了 1990—2019 年安徽各县区旱灾受灾、成灾、绝收面积资料，以此开展灾情空间分布分析。将全省灾情按严重程度分为 5 类，在空间分布上，按照淮北平原区、江淮丘陵区、皖西山区、沿江平原区、皖南山区 5 个大区进行统计。全省多年平均旱灾受灾、成灾、绝收分布情况分别如表 4.3、表 4.4、表 4.5 所示。

1990—2019 年，全省旱灾受灾面积自北向南逐渐减小，而成灾面积和绝收面积则表现为江淮丘陵区最大、淮北平原区次之，皖南山区最小。全省平均受灾面积最大的地区是定远县，达 71 万亩；其次是利辛县、涡阳县，达 70 万亩；再次是霍邱县，达 68 万亩。全省平均成灾面积最大的地区是霍邱县，达 56 万亩；其次是定远县，达 54 万亩；再次是寿县，达 50 万亩。全省绝收面积最大的地区是长丰县，达 11 万亩；其次是定远县、肥东县，达 10 万亩；再次是霍邱县，达 9 万亩。

对比受灾、成灾和绝收分布情况，江淮丘陵区受灾程度为全省最严重地区。淮北平原区受灾面积虽然较高，但是成灾面积相对较低，绝收面积更少，基本与沿江平原区和皖南山区相当，这可能是由于淮北平原区浅层地下水灌溉发挥了作用，种植作物以旱作物为主也是重要原因之一。皖南山区如歙县等地区成灾面积低于淮北平原区，而绝收面积高于淮北平原区，其原因可能是种植作物需水量大，对旱情更为敏感。

表 4.3　安徽 1990—2019 年各县多年平均旱灾受灾面积空间分布

序号	类别	受灾面积(万亩)	分布情况				
			淮北平原区	江淮丘陵区	皖西山区	沿江平原区	皖南山区
1	一类区	0～5	蚌山区，八公山区，龙子湖区，淮上区，相山区，谢家集区，禹会区，杜集区，田家庵区，大通区	包河区，蜀山区，瑶海区，庐阳区，琅琊区，叶集区	岳西县	铜官区，弋江区，鸠江区，花山区，镜湖区，雨山区，铜陵市郊区，宜秀区，大观区，迎江区，博望区，繁昌区	屯溪区，祁门县，徽州区，黟县，石台县，旌德县，黄山区，休宁县
2	二类区	5～10	烈山区，界首市，潘集区，颍泉区		霍山县，太湖县	义安区	绩溪县，宁国市，青阳县，泾县，歙县，郎溪县，广德市
3	三类区	10～20	颍州区，砀山县，颍东区，凤台县，固镇县		舒城县，潜山市	和县，含山县，宿松县，桐城市，枞阳县，贵池区，怀宁县，当涂县，东至县，望江县，巢湖市	南陵县，宣州区
4	四类区	20～40	颍上县，五河县，萧县，阜南县，泗县，太和县，怀远县	肥西县，天长市，凤阳县，明光市，长丰县	裕安区，金寨县，金安区	庐江县，无为市	
5	五类区	＞40	濉溪县，蒙城县，临泉县，灵璧县，谯城区，埇桥区，涡阳县，利辛县	肥东县，定远县，霍邱县，寿县			

注：按照现行行政区域划分。

表4.4 安徽1990—2019年各县多年平均旱灾成灾面积空间分布

序号	类别	成灾面积(万亩)	分布情况				
			淮北平原区	江淮丘陵区	皖西山区	沿江平原区	皖南山区
1	一类区	0～3	龙子湖区,蚌山区,八公山区,谢家集区,相山区,淮上区,田家庵区,烈山区,禹会区,杜集区,大通区	包河区,蜀山区,瑶海区,庐阳区,琅琊区		铜官区,迎江区、弋江区,镜湖区,鸠江区,雨山区,花山区,宜秀区,铜陵市郊区,大观区,博望区	屯溪区,徽州区,祁门县,黟县,黄山区,石台县,休宁县,旌德县
2	二类区	3～6	界首市	叶集区	岳西县,霍山县,太湖县	繁昌区,义安区	泾县,绩溪县,歙县,青阳县,宁国市,郎溪县
3	三类区	6～12	潘集区,颍泉区,颍州区,固镇县,凤台县		潜山市,舒城县	宿松县,怀宁县,当涂县,枞阳县,和县,望江县,含山县,贵池区,桐城市	南陵县,广德市,宣州区
4	四类区	12～25	颍东区,砀山县,颍上县,五河县,萧县,谯城区	来安县,南谯区,全椒县,天长市,肥西县,凤阳县,明光市	裕安区,金寨县,金安区	东至县,巢湖市,庐江县,无为市	
5	五类区	＞25	泗县,蒙城县,临泉县,濉溪县,阜南县,怀远县,涡阳县,灵璧县,太和县,利辛县,埇桥区	肥东县,长丰县,定远县,霍邱县,寿县			

注:按照现行行政区域划分。

表 4.5　安徽 1990—2019 年各县多年平均旱灾农作物绝收面积空间分布

序号	类别	绝收面积(万亩)	分布情况				
			淮北平原区	江淮丘陵区	皖西山区	沿江平原区	皖南山区
1	一类区	0～0.5	淮上区,龙子湖区,蚌山区,萧县,禹会区,相山区,杜集区,界首市,八公山区,烈山区,谢家集区,颍州区,田家庵区,埇桥区	包河区,瑶海区,庐阳区,蜀山区,琅琊区,叶集区		铜官区,弋江区,大观区,镜湖区,鸠江区,博望区,雨山区,花山区,迎江区,铜陵市郊区,宜秀区	屯溪区,黟县,祁门县
2	二类区	0.5～1	大通区,泗县,砀山县,颍泉区,临泉县,颍东区,固镇县		岳西县,霍山县	义安区	旌德县,徽州区,石台县,休宁县,绩溪县,郎溪县,黄山区,青阳县
3	三类区	1～2	潘集区,五河县,凤台县	天长市	太湖县,潜山市,舒城县	宿松县,繁昌区,当涂县,东至县,枞阳县,贵池区	广德市,歙县,泾县,南陵县
4	四类区	2～4	太和县,颍上县,濉溪县,灵璧县,蒙城县,涡阳县,利辛县,谯城区,阜南县,怀远县	来安县,全椒县,南谯区	金寨县,裕安区	望江县,和县,怀宁县,桐城市,含山县,巢湖市,无为市	宁国市,宣州区
5	五类区	＞4		明光市,肥西县,凤阳县,霍邱县,定远县,肥东县,寿县,长丰县	金安区	庐江县	

注:按照现行行政区域划分。

4.3 典型旱灾年份灾情空间分布

整理安徽1990—2019年各县区旱灾的记载资料，以受灾面积超过2000万亩的年份作为典型旱灾年份，包括1990、1992、1994、1995、1999、2000、2001、2009、2011、2012和2013年，共11个年份。本节对这些年份的受灾、成灾、绝收情况空间分布情况进行分析。其中，因1990—1995年绝收面积缺失，其余年份部分县区数据缺失。

4.3.1 受灾面积

表4.6至表4.16展示了各典型旱灾年份的受灾面积空间分布。分析受灾空间分布可见，各旱灾典型年江淮丘陵区受灾相对较重，沿江平原区以及皖南山区受灾相对较轻。寿县在11个年份中灾情均为五类(受灾面积大于40万亩)，长丰县11年中有10年灾情为五类，蒙城县有9年灾情为五类，这反映出以上地区旱情始终较为严重。沿江平原区和皖南山区旱情相对较轻，例如石台、绩溪、黟县11年间有7年灾情为一类(受灾面积在0～5万亩之间)，青阳、旌德有6年受灾面积为一类，旱情相对较轻。

4.3.2 成灾面积

表4.17至表4.27展示了严重旱灾年份的成灾面积空间分布。分析成灾面积空间分布可见，全省的成灾面积分布与受灾面积分布特征较为相似，江淮丘陵区以及淮北平原区最为严重，皖南山区相对较轻。寿县、长丰在11年间成灾等级均为五类(成灾面积大于25万亩)，涡阳县在11年中有8年成灾等级为五类，蒙城7年成灾等级为五类，以这些县为代表的江淮丘陵区和淮北平原区旱灾成灾严重。

4.3.3 绝收面积

对1999、2000、2001、2009、2011、2012、2013年共7个旱灾典型年的农作物绝收面积统计资料进行分析，如表4.28至表4.34所示。由绝收面积空间分布可见，全省旱灾绝收灾情以江淮丘陵区最为严重。以2001年为例，绝收面积最大的县是霍邱，达65万亩；其次是长丰，达63万亩；再次是定远，达62万亩。

绝收灾情较为严重的有长丰、寿县、无为、利辛、蒙城等。其中，长丰7年中有6年绝收灾情为五类(大于4万亩)，寿县和无为有5年为五类，利辛、蒙城有4年为五类。

表 4.6　1990 年旱灾受灾灾情空间分布表

序号	类别	受灾面积（万亩）	分布情况				
			淮北平原区	江淮丘陵区	皖西山区	沿江平原区	皖南山区
1	一类区	0～5	阜阳市，宿州市，蚌埠市郊区	滁州市，合肥市郊区，全椒县，天长县，来安县	六安市	贵池县，马鞍山市市区，安庆市郊区，铜陵市郊区，芜湖市市区	旌德县，石台县，绩溪县，青阳县，黟县
2	二类区	5～10	泗县，固镇县	明光市	霍山县	繁昌县，当涂县	祁门县，歙县，休宁县
3	三类区	10～20	灵璧县，凤台县，淮南市市区，五河县，萧县，怀远县，宿县，界首市	定远县，凤阳县，霍邱县	岳西县，金寨县	铜陵县，芜湖县，含山县	宁国县，黄山市市区，泾县，南陵县
4	四类区	20～40	砀山县，淮北市市区		潜山县，太湖县，舒城县	宿松县，东至县，桐城县，巢湖市，望江县，和县	郎溪县，广德县
5	五类区	＞40	蒙城县，利辛县，亳州市，阜阳县，阜南县，颍上县，临泉县，涡阳县，太和县，濉溪县	肥西县，长丰县，寿县，肥东县	六安县	枞阳县，怀宁县，庐江县，无为县	宣州市

注：按照 1990 年行政区域划分。

表 4.7　1992 年旱灾受灾灾情空间分布表

序号	类别	成灾面积(万亩)	分布情况				
			淮北平原区	江淮丘陵区	皖西山区	沿江平原区	皖南山区
1	一类区	0～5	泗县,阜阳市,淮北市市区,濉溪县,宿州市	合肥市郊区	六安市	芜湖市市区,铜陵市郊区,马鞍山市市区,繁昌县	绩溪县,祁门县,休宁县,南陵县,石台县
2	二类区	5～10	凤台县	天长县		安庆市郊区	黄山市市区,旌德县
3	三类区	10～20	萧县,蚌埠市市区,砀山县		岳西县	铜陵县,当涂县,含山县	黟县,宁国县,歙县,泾县
4	四类区	20～40	淮南市市区,灵璧县		太湖县,金寨县,霍山县	芜湖县	郎溪县,青阳县,广德县
5	五类区	>40	颍上县,界首市,太和县,五河县,阜阳县,宿县,固镇县,蒙城县,涡阳县,阜南县,亳州市,怀远县,利辛县,临泉县	南谯区,全椒县,肥西县,来安县,寿县,长丰县,明光市,肥东县,凤阳县,霍邱县,定远县	潜山县,舒城县,六安县	东至县,怀宁县,和县,望江县,宿松县,枞阳县,贵池县,桐城县,庐江县,巢湖市,无为县	宣州市

注:按照 1992 年行政区域划分。

表 4.8　1994 年旱灾受灾灾情空间分布表

序号	类别	成灾面积(万亩)	分布情况				
			淮北平原区	江淮丘陵区	皖西山区	沿江平原区	皖南山区
1	一类区	0～5				铜陵市郊区,马鞍山市市区	
2	二类区	5～10	淮北市市区			芜湖市市区	黟县,石台县
3	三类区	10～20			岳西县,太湖县	繁昌县,安庆市郊区,宿松县	休宁县,祁门县,旌德县,绩溪县,宁国县
4	四类区	20～40	蚌埠市市区,凤台县	合肥市郊区	潜山县,金寨县,霍山县	铜陵县,桐城县	黄山市市区,青阳县,郎溪县,广德县,南陵县,歙县,泾县
5	五类区	＞40	淮南市市区,临泉县,界首市,五河县,砀山县,固镇县,泗县,阜南县,阜阳市,涡阳县,颍上县,灵璧县,怀远县,利辛县,蒙城县,萧县,太和县,濉溪县,亳州市,宿州市	南谯区,全椒县,来安县,天长市,肥西县,凤阳县,肥东县,明光市,寿县,长丰县,霍邱县,定远县	舒城县,六安市	含山县,贵池县,怀宁县,芜湖县,望江县,和县,当涂县,东至县,枞阳县,庐江县,巢湖市,无为县	宣州市

注:按照 1994 年行政区域划分。

表 4.9　1995 年旱灾受灾灾情空间分布表

序号	类别	成灾面积(万亩)	分布情况				
			淮北平原区	江淮丘陵区	皖西山区	沿江平原区	皖南山区
1	一类区	0～5	八公山区,蚌埠市郊区,杜集区,阜南县,阜阳市,固镇县,界首市,利辛县,烈山区,临泉县,泗县,濉溪县,相山区,谢家集区,田家庵区,大通区,怀远县	琅琊区	岳西县	大观区,花山区,金家庄区,镜湖区,狮子山区,铜官山区,铜陵市郊区,新芜区,迎江区,雨山区,向山区,鸠江区,马塘区,繁昌县,铜陵市郊区	祁门县,屯溪区,绩溪县,青阳县,石台县,黄山区,黟县
2	二类区	5～10	蒙城县		潜山县	当涂县	徽州区,广德县,旌德县
3	三类区	10～20	五河县,灵璧县	凤阳县,合肥市郊区	金寨县,霍山县,太湖县	铜陵县,和县,宿松县,芜湖县,贵池市	宁国县,郎溪县,休宁县,泾县,南陵县
4	四类区	20～40	凤台县,宿州市,潘集区,颍上县,太和县,萧县	南谯区,来安县		桐城县,望江县,怀宁县,无为县,含山县	歙县,宣州市
5	五类区	＞40	砀山县,亳州市,涡阳县	天长市,全椒县,明光市,长丰县,寿县,霍邱县,肥西县,肥东县,定远县	舒城县,六安市	枞阳县,东至县,庐江县,巢湖市	

注:按照 1995 年行政区域划分。

表 4.10　1999 年旱灾受灾灾情空间分布表

序号	类别	受灾面积(万亩)	分布情况				
			淮北平原区	江淮丘陵区	皖西山区	沿江平原区	皖南山区
1	一类区	0～5	八公山区,谢家集区,烈山区,相山区,田家庵区,大通区	合肥市郊区,琅琊区	霍山县,马塘区,潜山县,太湖县,岳西县	安庆市郊区,巢湖市,枞阳县,当涂县,东至县,繁昌县,贵池市,含山县,怀宁县,鸠江区,庐江县,宿松县,桐城市,铜陵县,望江县,无为县,芜湖县,向山区,铜陵市郊区	广德县,黄山区,徽州区,绩溪县,泾县,旌德县,郎溪县,南陵县,宁国市,祁门县,青阳县,歙县,石台县,屯溪区,休宁县,宣州市,黟县
2	二类区	5～10	潘集区,杜集区	叶集区		和县	
3	三类区	10～20		肥西县,全椒县,天长市	舒城县,金寨县		
4	四类区	20～40	亳县,蚌埠市郊区,凤台县,颍州区,颍泉区,五河县	来安县,南谯区			
5	五类区	＞40	界首市,颍东区,固镇县,怀远县,砀山县,萧县,泗县,灵璧县,颍上县,临泉县,阜南县,蒙城县,利辛县,太和县,埇桥区,濉溪县,涡阳县	长丰县,明光市,凤阳县,肥东县,寿县,定远县,霍邱县			

注:按照 1999 年行政区域划分。

表4.11　2000年旱灾受灾灾情空间分布表

序号	类别	受灾面积(万亩)	分布情况				
			淮北平原区	江淮丘陵区	皖西山区	沿江平原区	皖南山区
1	一类区	0～5	阜南县,颍上县,八公山区,田家庵区,烈山区,谢家集区,大通区,相山区	琅琊区		鸠江区,铜陵市郊区	屯溪区
2	二类区	5～10	杜集区	叶集区			石台县,黟县,徽州区,祁门县
3	三类区	10～20	界首市,颍泉区,潘集区		霍山县,岳西县		黄山区,旌德县,绩溪县,休宁县,宁国市
4	四类区	20～40	颍东区,凤台县,颍州区	天长市,南谯区	太湖县,潜山市,金寨县	繁昌区,当涂县,望江县	郎溪县,歙县,泾县,南陵县,青阳县,广德市
5	五类区	＞40	砀山县,蒙城县,五河县,固镇县,泗县,利辛县,萧县,谯城区,涡阳县,太和县,怀远县,埇桥区,临泉县,灵璧县,濉溪县	来安县,全椒县,凤阳县,肥东县,肥西县,长丰县,明光市,定远县,寿县,霍邱县	舒城县,裕安区,金安区	怀宁县,和县,枞阳县,东至县,贵池区,宿松县,巢湖市,含山县,桐城市,庐江县,无为市	宣州区

注:按照现行行政区域划分。

表 4.12　2001 年旱灾受灾灾情空间分布表

序号	类别	受灾面积(万亩)	分布情况				
			淮北平原区	江淮丘陵区	皖西山区	沿江平原区	皖南山区
1	一类区	0～5	萧县,烈山区,田家庵区,八公山区,相山区,谢家集区,杜集区	琅琊区		鸠江区,铜陵市郊区,花山区,雨山区	屯溪区,休宁县,郎溪县,广德市,宁国市,黄山区,徽州区,黟县,祁门县,石台县,泾县,旌德县
2	二类区	5～10	大通区			繁昌区	绩溪县,宣州区,青阳县
3	三类区	10～20	砀山县		霍山县,岳西县,太湖县	当涂县	歙县,南陵县
4	四类区	20～40	潘集区	叶集区	潜山市	贵池区,东至县,和县,桐城市	
5	五类区	＞40	颍州区,界首市,颍东区,颍泉区,凤台县,泗县,五河县,埇桥区,固镇县,灵璧县,颍上县,阜南县,临泉县,谯城区,太和县,利辛县,蒙城县,濉溪县,怀远县,涡阳县	南谯区,全椒县,来安县,天长市,明光市,肥西县,凤阳县,肥东县,长丰县,定远县,霍邱县,寿县	裕安区,金寨县,舒城县,金安区	怀宁县,望江县,枞阳县,含山县,宿松县,巢湖市,庐江县,无为市	

注:按照现行行政区域划分。

表4.13　2009年旱灾受灾灾情空间分布表

序号	类别	受灾面积(万亩)	分布情况				
			淮北平原区	江淮丘陵区	皖西山区	沿江平原区	皖南山区
1	一类区	0～5	八公山区,谢家集区,潘集区,颍州区,大通区,田家庵区,淮上区,凤台县,龙子湖区,蚌山区,禹会区	肥西县,琅琊区,定远县,南谯区,包河区,庐阳区,蜀山区,瑶海区,叶集区	岳西县,太湖县,金寨县,潜山市,霍山县	铜官区,花山区,雨山区,铜陵市郊区,大观区,宜秀区,迎江区,含山县,繁昌区,和县,巢湖市,桐城市,东至县,贵池区,枞阳县,庐江县,宿松县,无为市,怀宁县,望江县,镜湖区,鸠江区,弋江区,当涂县,博望区	旌德县,宁国市,广德市,石台县,黟县,屯溪区,徽州区,祁门县,绩溪县,青阳县,泾县,黄山区,休宁县,宣州区,歙县,郎溪县,南陵县
2	二类区	5～10	相山区,杜集区				
3	三类区	10～20	界首市,颍泉区,颍东区,烈山区,砀山县		舒城县,裕安区		
4	四类区	20～40	颍上县,阜南县,太和县,固镇县,临泉县	来安县,明光市,天长市,凤阳县	金安区		
5	五类区	>40	五河县,萧县,泗县,灵璧县,怀远县,蒙城县,濉溪县,利辛县,涡阳县,埇桥区,谯城区	霍邱县,全椒县,寿县,肥东县,长丰县			

注:按照现行行政区域划分。

表 4.14　2011 年旱灾受灾灾情空间分布表

序号	类别	受灾面积(万亩)	分布情况				
			淮北平原区	江淮丘陵区	皖西山区	沿江平原区	皖南山区
1	一类区	0～5	涡阳县,八公山区,龙子湖区,淮上区,禹会区,蚌山区,砀山县,相山区	琅琊区,包河区,庐阳区,蜀山区,瑶海区		铜官区,弋江区,雨山区,鸠江区,花山区,铜陵市郊区,镜湖区,宜秀区,迎江区,枞阳县,大观区	黟县,屯溪区,徽州区,祁门县,绩溪县,黄山区,休宁县,歙县,旌德县,宁国市,青阳县,广德市
2	二类区	5～10	杜集区,怀远县,田家庵区,泗县,大通区,五河县,烈山区		岳西县		泾县,石台县
3	三类区	10～20	萧县,灵璧县,埇桥区,谢家集区,界首市,固镇县,凤台县,颍泉区,颍州区	南谯区,叶集区,全椒县	霍山县,太湖县	博望区,繁昌区,宿松县,和县,含山县	南陵县
4	四类区	20～40	潘集区,颍东区,蒙城县	来安县	舒城县,金寨县,金安区	怀宁县,望江县,贵池区,庐江县,无为市,当涂县,东至县,巢湖市,桐城市	郎溪县
5	五类区	>40	濉溪县,阜南县,谯城区,颍上县,利辛县,太和县,临泉县	天长市,明光市,肥西县,长丰县,霍邱县,凤阳县,定远县,寿县,肥东县	潜山市,裕安区		宣州区

注:按照现行行政区域划分。

表4.15 2012年旱灾受灾灾情空间分布表

序号	类别	受灾面积(万亩)	分布情况				
			淮北平原区	江淮丘陵区	皖西山区	沿江平原区	皖南山区
1	一类区	0～5	龙子湖区,禹会区,蚌山区,谢家集区,颍上县,八公山区,大通区,田家庵区,相山区,杜集区,凤台县,界首市,淮上区	包河区,庐阳区,蜀山区,瑶海区,叶集区,肥西县,肥东县,来安县,琅琊区	岳西县,霍山县,太湖县,舒城县,潜山市	铜官区,弋江区,雨山区,鸠江区,花山区,铜陵市郊区,镜湖区,宜秀区,迎江区,枞阳县,大观区,博望区,繁昌区,宿松县,和县,含山县,怀宁县,望江县,庐江县,无为市,当涂县,巢湖市,桐城市	黟县,屯溪区,徽州区,祁门县,绩溪县,黄山区,休宁县,歙县,旌德县,宁国市,广德市,泾县,南陵县,郎溪县,宣州区,石台县,青阳县
2	二类区	5～10	潘集区			贵池区	
3	三类区	10～20	颍州区,颍泉区,固镇县				
4	四类区	20～40	五河县,烈山区,怀远县,颍东区,太和县	全椒县,南谯区,长丰县,天长市		东至县	
5	五类区	>40	蒙城县,濉溪县,砀山县,谯城区,利辛县,涡阳县,阜南县,临泉县,萧县,灵璧县,泗县,埇桥区	明光市,凤阳县,霍邱县,寿县,定远县	金安区,裕安区,金寨县		

注:按照现行行政区域划分。

表 4.16　2013 年旱灾受灾灾情空间分布表

序号	类别	受灾面积(万亩)	分布情况				
			淮北平原区	江淮丘陵区	皖西山区	沿江平原区	皖南山区
1	一类区	0～5	蚌山区,相山区,杜集区,烈山区,濉溪县,砀山县,萧县,灵璧县,泗县,埇桥区,八公山区,谢家集区,大通区,潘集区,田家庵区,淮上区	包河区,庐阳区,蜀山区,瑶海区,叶集区,琅琊区		铜官区,弋江区,镜湖区,雨山区,鸠江区,铜陵市郊区,花山区,宜秀区,宿松县,大观区,博望区	屯溪区,徽州区
2	二类区	5～10	界首市,凤台县,龙子湖区,颍上县	来安县		迎江区,繁昌区	祁门县,石台县,黟县,黄山区
3	三类区	10～20	禹会区,五河县	天长市	岳西县,舒城县,太湖县,潜山市		旌德县,休宁县,南陵县,歙县,青阳县
4	四类区	20～40	固镇县,颍泉区,颍州区,太和县,临泉县,怀远县,谯城区	全椒县,肥西县,南谯区,肥东县	霍山县	怀宁县,贵池区,当涂县,含山县,和县,巢湖市,枞阳县,望江县,东至县	泾县,郎溪县,宁国市
5	五类区	＞40	颍东区,阜南县,蒙城县,利辛县,涡阳县	凤阳县,长丰县,明光市,定远县,霍邱县,寿县	金安区,裕安区,金寨县	桐城市,无为市,庐江县	绩溪县,宣州区,广德市

注:按照现行行政区域划分。

表 4.17　1990 年旱灾成灾灾情空间分布表

序号	类别	成灾面积(万亩)	分布情况				
			淮北平原区	江淮丘陵区	皖西山区	沿江平原区	皖南山区
1	一类区	0~3	阜南县,阜阳市,宿州市,蚌埠市郊区	滁州市,合肥市郊区,全椒县,天长县,来安县	六安市,霍山县	贵池县,马鞍山市市区,安庆市郊区,铜陵市郊区,芜湖市市区	旌德县,绩溪县,石台县,黟县,青阳县
2	二类区	3~6	泗县	明光市,定远县		繁昌县,当涂县	祁门县,歙县,休宁县
3	三类区	6~12	固镇县,淮南市市区,凤台县,灵璧县,五河县,萧县	凤阳县	岳西县	铜陵县,芜湖县,含山县	黄山市市区,宁国县,泾县,南陵县
4	四类区	12~25	怀远县,宿县,界首市,砀山县,淮北市市区	霍邱县	金寨县,潜山县,六安县	宿松县,桐城县,巢湖市,和县	郎溪县
5	五类区	>25	涡阳县,亳州市,利辛县,蒙城县,临泉县,太和县,颍上县,阜阳县,濉溪县	长丰县,肥西县,寿县,肥东县	太湖县,舒城县	望江县,枞阳县,庐江县,怀宁县,东至县,无为县	广德县,宣州市

注:按照 1990 年行政区域划分。

表 4.18　1992 年旱灾成灾灾情空间分布表

序号	类别	成灾面积(万亩)	分布情况				
			淮北平原区	江淮丘陵区	皖西山区	沿江平原区	皖南山区
1	一类区	0～3	泗县,阜阳市,淮北市市区,宿州市		六安市	芜湖市市区,马鞍山市市区,铜陵市郊区,繁昌区	祁门县,休宁县,绩溪县,黄山市市区,南陵县
2	二类区	3～6	濉溪县	合肥市郊区,天长县		安庆市郊区,义安区	旌德县,石台县
3	三类区	6～12	凤台县,萧县,蚌埠市市区			当涂县,含山县	歙县,黟县,宁国县
4	四类区	12～25	砀山县,淮南市市区,亳州市,灵璧县		岳西县,太湖县	湾沚区	泾县,郎溪县,广德县,青阳县
5	五类区	＞25	颍上县,太和县,界首市,五河县,固镇县,涡阳县,埇桥区,蒙城县,阜阳县,阜南县,怀远县,临泉县,利辛县	南谯区,明光市,来安县,全椒县,肥西县,凤阳县,寿县,长丰县,肥东县,霍邱县,定远县	金寨县,霍山县,潜山县,舒城县,六安县	和县,怀宁县,东至县,庐江县,宿松县,望江县,贵池县,枞阳县,桐城县,巢湖市,无为县	宣州市

注:按照 1992 年行政区域划分。

表 4.19　1994 年旱灾成灾灾情空间分布表

序号	类别	成灾面积(万亩)	分布情况				
			淮北平原区	江淮丘陵区	皖西山区	沿江平原区	皖南山区
1	一类区	0～3				铜陵市郊区,马鞍山市市区,芜湖市市区	
2	二类区	3～6					
3	三类区	6～12	淮北市市区			安庆市郊区,繁昌县	黟县,石台县
4	四类区	12～25	蚌埠市市区	合肥市郊区	岳西县,太湖县,潜山县,霍山县	宿松县,铜陵县	旌德县,绩溪县,祁门县,休宁县,宁国县,黄山市市区
5	五类区	＞25	凤台县,淮南市市区,临泉县,颍上县,界首市,五河县,砀山县,固镇县,亳州市,涡阳县,怀远县,萧县,泗县,阜阳市,阜南县,蒙城县,利辛县,太和县,灵璧县,濉溪县,宿州市	南谯区,来安县,全椒县,天长市,肥西县,凤阳县,明光市,肥东县,寿县,长丰县,霍邱县,定远县	金寨县,舒城县,六安市	怀宁县,桐城县,芜湖县,和县,含山县,望江县,当涂县,贵池县,东至县,枞阳县,庐江县,巢湖市,无为县	郎溪县,广德县,青阳县,南陵县,歙县,泾县,宣州市

注:按照 1994 年行政区域划分。

表 4.20　1995 年旱灾成灾灾情空间分布表

序号	类别	成灾面积(万亩)	分布情况				
			淮北平原区	江淮丘陵区	皖西山区	沿江平原区	皖南山区
1	一类区	0～3	八公山区，蚌埠市郊区，大通区，杜集区，阜南县，阜阳市，固镇县，界首市，利辛县，烈山区，临泉县，泗县，濉溪县，太和县，相山区，谢家集区，怀远县，田家庵区，蒙城县	琅琊区	岳西县，金寨县	大观区，花山区，金家庄区，镜湖区，狮子山区，铜官山区，铜陵市郊区，向山区，新芜区，迎江区，雨山区，马塘区，鸠江区，繁昌县，铜陵郊区	祁门县，屯溪区，绩溪县，青阳县，石台县，黄山区
2	二类区	3～6			潜山县	当涂县	黟县，旌德县，徽州区，广德县
3	三类区	6～12	潘集区，五河县，颍上县	天长市，凤阳县	太湖县，霍山县	和县，铜陵县，宿松县，贵池市，怀宁县	泾县，宁国县，休宁县，南陵县，郎溪县
4	四类区	12～25	灵璧县，凤台县，宿州市	合肥市郊区，来安县，南谯区		芜湖县，桐城县，无为县	歙县
5	五类区	＞25	萧县，砀山县，涡阳县，亳州市	明光市，全椒县，寿县，长丰县，肥东县，霍邱县，肥西县，定远县	六安市，舒城县	望江县，含山县，枞阳县，东至县，庐江县，巢湖市	宣州市

注：按照 1995 年行政区域划分。

表4.21　1999年旱灾成灾灾情空间分布表

序号	类别	成灾面积(万亩)	分布情况				
			淮北平原区	江淮丘陵区	皖西山区	沿江平原区	皖南山区
1	一类区	0～3	烈山区,八公山区,谢家集区,田家庵区,相山区,大通区	合肥市郊区,琅琊区	霍山县,庐江县,马塘区,潜山县,太湖县,岳西县	安庆市郊区,巢湖市,枞阳县,当涂县,东至县,繁昌县,贵池市,含山县,怀宁县,鸠江区,宿松县,桐城市,铜陵县,望江县,无为县,芜湖县,向山区,铜陵市郊区	广德县,黄山区,徽州区,绩溪县,泾县,旌德县,郎溪县,南陵县,宁国市,祁门县,青阳县,歙县,石台县,屯溪区,休宁县,宣州市,黟县
2	二类区	3～6	潘集区,杜集区				
3	三类区	6～12		肥西县,叶集区,全椒县,天长市	舒城县	和县	
4	四类区	12～25	蚌埠市郊区,凤台县,亳县,颍州区,五河县,固镇县	来安县,南谯区	金寨县		
5	五类区	＞25	怀远县,颍东区,颍泉区,界首市,太和县,砀山县,萧县,颍上县,濉溪县,蒙城县,临泉县,阜南县,灵璧县,泗县,利辛县,涡阳县,埇桥区	寿县,长丰县,明光市,肥东县,凤阳县,定远县,霍邱县			

注:按照1999年行政区域划分。

表 4.22　2000 年旱灾成灾灾情空间分布表

序号	类别	成灾面积(万亩)	分布情况				
			淮北平原区	江淮丘陵区	皖西山区	沿江平原区	皖南山区
1	一类区	0～3	阜南县,颍上县,八公山区,谢家集区,田家庵区,烈山区,大通区	琅琊区		鸠江区,铜陵市郊区	屯溪区
2	二类区	3～6	相山区,颍泉区,杜集区				黟县,石台县,徽州区
3	三类区	6～12	界首市,蒙城县,潘集区	叶集区	霍山县		祁门县,黄山区,宁国市,旌德县,休宁县
4	四类区	12～25	凤台县,利辛县,颍东区,颍州区	天长市	岳西县,太湖县,潜山市	繁昌区,当涂县	泾县,绩溪县,歙县,青阳县,郎溪县,南陵县,广德市
5	五类区	＞25	固镇县,砀山县,五河县,临泉县,谯城区,萧县,灵璧县,怀远县,泗县,涡阳县,太和县,濉溪县,埇桥区	来安县,南谯区,凤阳县,全椒县,肥西县,肥东县,长丰县,明光市,定远县,寿县,霍邱县	金寨县,舒城县,裕安区,金安区	望江县,怀宁县,宿松县,枞阳县,和县,东至县,贵池区,巢湖市,桐城市,含山县,庐江县,无为市	宣州区

注:按照现行行政区域划分。

表4.23　2001年旱灾成灾灾情空间分布表

序号	类别	成灾面积(万亩)	分布情况				
			淮北平原区	江淮丘陵区	皖西山区	沿江平原区	皖南山区
1	一类区	0～3	萧县,烈山区,田家庵区,八公山区,相山区,谢家集区,杜集区,大通区	琅琊区		铜陵市郊区,鸠江区,花山区,雨山区	屯溪区,休宁县,郎溪县,广德市,宁国市,黄山区,祁门县,泾县,徽州区,黟县,旌德县,石台县
2	二类区	3～6					宣州区,绩溪县
3	三类区	6～12				繁昌区,当涂县	青阳县,歙县,南陵县
4	四类区	12～25	砀山县,潘集区	叶集区	霍山县	怀宁县,和县,含山县	
5	五类区	＞25	颍州区,凤台县,界首市,五河县,埇桥区,颍东区,泗县,颍泉区,固镇县,临泉县,谯城区,灵璧县,颍上县,濉溪县,怀远县,阜南县,蒙城县,涡阳县,利辛县,太和县	来安县,南谯区,全椒县,天长市,肥西县,明光市,肥东县,凤阳县,长丰县,定远县,寿县,霍邱县	太湖县,岳西县,潜山市,金寨县,舒城县,裕安区,金安区	贵池区,东至县,宿松县,枞阳县,桐城市,望江县,巢湖市,庐江县,无为市	

注:按照现行行政区域划分。

表 4.24　2009 年旱灾成灾灾情空间分布表

序号	类别	成灾面积(万亩)	分布情况				
			淮北平原区	江淮丘陵区	皖西山区	沿江平原区	皖南山区
1	一类区	0～3	颍州区,八公山区,田家庵区,谢家集区,大通区,潘集区,凤台县,淮上区,龙子湖区,蚌山区,相山区	琅琊区,包河区,庐阳区,蜀山区,瑶海区,南谯区,全椒县,定远县,肥西县,叶集区	金寨县,潜山市,岳西县,太湖县,霍山县	花山区,雨山区,鸠江区,铜陵市郊区,无为市,庐江县,枞阳县,含山县,怀宁县,东至县,贵池区,繁昌区,和县,当涂县,宿松县,望江县,巢湖市,博望区,大观区,镜湖区,铜官区,宜秀区,弋江区,迎江区,桐城市	屯溪区,石台县,祁门县,徽州区,黟县,黄山区,休宁县,旌德县,南陵县,青阳县,绩溪县,宁国市,泾县,郎溪县,歙县,广德市,宣州区
2	二类区	3～6	禹会区,杜集区		舒城县		
3	三类区	6～12	颍上县,界首市,烈山区,颍东区,颍泉区,砀山县	来安县	金安区,裕安区		
4	四类区	12～25	太和县,固镇县,阜南县,萧县	明光市,天长市			
5	五类区	>25	泗县,临泉县,五河县,灵璧县,濉溪县,怀远县,蒙城县,涡阳县,谯城区,利辛县,埇桥区	凤阳县,长丰县,霍邱县,寿县,肥东县			

注:按照现行行政区域划分。

表4.25　2011年旱灾成灾灾情空间分布表

序号	类别	成灾面积(万亩)	分布情况				
			淮北平原区	江淮丘陵区	皖西山区	沿江平原区	皖南山区
1	一类区	0～3	龙子湖区，蚌山区，固镇县，萧县，泗县，灵璧县，怀远县，蒙城县，谯城区，埇桥区，淮上区，涡阳县，利辛县，八公山区，禹会区，田家庵区，相山区，谢家集区，杜集区，界首市	琅琊区，包河区，庐阳区，蜀山区，瑶海区	岳西县	铜官区，弋江区，迎江区，雨山区，鸠江区，铜陵市郊区，花山区，大观区，宜秀区，镜湖区，宿松县，枞阳县	屯溪区，祁门县，徽州区，黟县，黄山区，休宁县，旌德县，绩溪县，歙县，宁国市，泾县，广德市，青阳县
2	二类区	3～6	烈山区，砀山县，大通区	南谯区		含山县，博望区	石台县
3	三类区	6～12	凤台县，五河县，颍东区，太和县	叶集区，全椒县，凤阳县	霍山县，金安区，太湖县	繁昌区，和县，怀宁县，当涂县	
4	四类区	12～25	颍州区，颍泉区，濉溪县，潘集区	来安县	金寨县，舒城县	望江县，贵池区，巢湖市，庐江县	南陵县，郎溪县
5	五类区	>25	颍上县，阜南县，临泉县	霍邱县，明光市，定远县，天长市，长丰县，肥西县，肥东县，寿县	潜山市，裕安区	无为市，桐城市，东至县	宣州区

注：按照现行行政区域划分。

表 4.26　2012 年旱灾成灾灾情空间分布表

序号	类别	成灾面积(万亩)	分布情况				
			淮北平原区	江淮丘陵区	皖西山区	沿江平原区	皖南山区
1	一类区	0～3	龙子湖区,蚌山区,蒙城县,谯城区,涡阳县,利辛县,八公山区,禹会区,相山区,谢家集区,界首市,濉溪县,颍上县,阜南县,临泉县,大通区,田家庵区,凤台县,杜集区,潘集区,烈山区,淮上区	包河区,庐阳区,蜀山区,瑶海区,叶集区,肥西县,肥东县,来安县,琅琊区	岳西县,霍山县,太湖县,舒城县,潜山市	铜官区,弋江区,迎江区,雨山区,鸠江区,铜陵市郊区,花山区,大观区,宜秀区,镜湖区,宿松县,枞阳县,含山县,博望区,繁昌区,和县,怀宁县,当涂县,望江县,巢湖市,庐江县,无为市,桐城市	屯溪区,祁门县,徽州区,黟县,黄山区,休宁县,旌德县,绩溪县,歙县,宁国市,泾县,广德市,南陵县,郎溪县,宣州区,石台县,青阳县
2	二类区	3～6				贵池区	
3	三类区	6～12	固镇县,颍东区,颍州区,颍泉区,五河县,怀远县	全椒县,南谯区			
4	四类区	12～25	太和县	长丰县,明光市,天长市,霍邱县	裕安区	东至县	
5	五类区	＞25	砀山县,萧县,泗县,埇桥区,灵璧县	定远县,寿县,凤阳县	金安区,金寨县		

注:按照现行行政区域划分。

表4.27　2013年旱灾成灾灾情空间分布表

序号	类别	成灾面积(万亩)	分布情况				
			淮北平原区	江淮丘陵区	皖西山区	沿江平原区	皖南山区
1	一类区	0～3	龙子湖区,蚌山区,相山区,界首市,濉溪县,颍上县,杜集区,烈山区,颍州区,颍泉区,砀山县,萧县,泗县,埇桥区,灵璧县,八公山区,大通区,谯城区,谢家集区,潘集区,淮上区	包河区,庐阳区,蜀山区,瑶海区,叶集区,琅琊区		铜官区,镜湖区,弋江区,迎江区,博望区,雨山区,鸠江区,铜陵市郊区,宜秀区,宿松县,花山区,大观区	屯溪区,徽州区,祁门县,黟县
2	二类区	3～6	田家庵区,禹会区,凤台县,涡阳县,太和县			繁昌区	石台县
3	三类区	6～12	固镇县,五河县	来安县	舒城县,潜山市,岳西县	望江县	南陵县,黄山区,旌德县,休宁县
4	四类区	12～25	怀远县	全椒县,凤阳县,天长市,肥西县,肥东县	太湖县,霍山县	含山县,怀宁县,当涂县,和县,巢湖市,枞阳县,贵池区	泾县,郎溪县,青阳县,歙县
5	五类区	>25	临泉县,颍东区,阜南县,蒙城县,利辛县	南谯区,霍邱县,明光市,长丰县,定远县,寿县	金安区,裕安区,金寨县	桐城市,东至县,无为市,庐江县	绩溪县,宣州区,宁国市,广德市

注:按照现行行政区域划分。

表 4.28　1999 年旱灾绝收灾情空间分布表

序号	类别	绝收面积(万亩)	分布情况				
			淮北平原区	江淮丘陵区	皖西山区	沿江平原区	皖南山区
1	一类区	0～0.5	八公山区,蚌埠市郊区,亳县,怀远县,烈山区,泗县,太和县,五河县,谢家集区,颍泉区,埇桥区,杜集区,相山区	明光市,合肥市郊区,琅琊区	霍山县,庐江县,马塘区,潜山县,舒城县,太湖县,岳西县	安庆市郊区,巢湖市,枞阳县,当涂县,东至县,繁昌县,贵池市,含山县,怀宁县,鸠江区,宿松县,桐城市,铜陵县,望江县,无为县,芜湖县,向山区,铜陵市郊区	广德县,黄山区,徽州区,绩溪县,泾县,旌德县,郎溪县,南陵县,宁国市,祁门县,青阳县,歙县,石台县,屯溪区,休宁县,宣州市,黟县
2	二类区	0.5～1	大通区,潘集区,田家庵区,固镇县	叶集区			
3	三类区	1～2	颍州区,界首市	全椒县,天长市,来安县,肥西县			
4	四类区	2～4	颍东区,凤台县,临泉县		金寨县		
5	五类区	>4	蒙城县,萧县,颍上县,利辛县,灵璧县,砀山县,涡阳县,濉溪县,阜南县	寿县,南谯区,肥东县,长丰县,霍邱县,凤阳县,定远县		和县	

注:按照 1999 年行政区域划分。

表4.29 2000年旱灾绝收灾情空间分布表

序号	类别	绝收面积(万亩)	分布情况				
			淮北平原区	江淮丘陵区	皖西山区	沿江平原区	皖南山区
1	一类区	0～0.5	阜南县,固镇县,界首市,利辛县,临泉县,蒙城县,泗县,太和县,田家庵区,五河县,萧县,颍泉区,颍上县,颍州区,埇桥区,颍东区,杜集区,烈山区,八公山区,相山区	凤阳县,叶集区,琅琊区		鸠江区,铜陵市郊区	屯溪区
2	二类区	0.5～1	大通区,谢家集区				徽州区
3	三类区	1～2	潘集区				黄山区,黟县,旌德县,祁门县,绩溪县,石台县
4	四类区	2～4			霍山县	当涂县	休宁县,宁国市
5	五类区	＞4	怀远县,凤台县,涡阳县,砀山县,谯城区,灵璧县,濉溪县	来安县,天长市,明光市,南谯区,全椒县,肥东县,定远县,长丰县,肥西县,寿县,霍邱县	太湖县,岳西县,潜山市,舒城县,金寨县,裕安区,金安区	宿松县,繁昌区、望江县,枞阳县,东至县,和县,怀宁县,含山县,贵池区,无为市,巢湖市,桐城市,庐江县	青阳县,泾县,郎溪县,歙县,广德市,南陵县,宣州区

注:按照现行行政区域划分。

表 4.30 2001 年旱灾绝收灾情空间分布表

序号	类别	绝收面积(万亩)	分布情况				
			淮北平原区	江淮丘陵区	皖西山区	沿江平原区	皖南山区
1	一类区	0～0.5	萧县,杜集区,烈山区,相山区,砀山县,濉溪县			鸠江区,铜陵市郊区,繁昌区,花山区,雨山区	屯溪区,旌德县,休宁县,宁国市,青阳县,郎溪县,广德市,祁门县,黄山区,徽州区,歙县,泾县,黟县,石台县,宣州区
2	二类区	0.5～1	八公山区	琅琊区		贵池区,东至县	绩溪县
3	三类区	1～2	界首市,田家庵区,谢家集区,大通区				
4	四类区	2～4	埇桥区,灵璧县	天长市	霍山县,舒城县,岳西县		
5	五类区	>4	颍州区,泗县,五河县,临泉县,颍泉区,涡阳县,潘集区,颍东区,固镇县,谯城区,凤台县,太和县,蒙城县,利辛县,颍上县,阜南县,怀远县	肥西县,叶集区,南谯区,来安县,明光市,全椒县,凤阳县,肥东县,寿县,定远县,长丰县,霍邱县	太湖县,潜山市,金寨县,裕安区,金安区	怀宁县,宿松县,当涂县,和县,望江县,枞阳县,无为市,含山县,桐城市,庐江县,巢湖市	南陵县

注:按照现行行政区域划分。

表 4.31　2009 年旱灾绝收灾情空间分布表

序号	类别	绝收面积(万亩)	分布情况				
			淮北平原区	江淮丘陵区	皖西山区	沿江平原区	皖南山区
1	一类区	0～0.5	相山区,界首市,颍州区,临泉县,颍泉区,颍东区,固镇县,太和县,颍上县,阜南县,八公山区,谢家集区,凤台县,潘集区,淮上区,龙子湖区,禹会区,大通区,田家庵区,杜集区,烈山区,蚌山区,萧县,灵璧县	肥西县,琅琊区,全椒县,定远县,南谯区,包河区,庐阳区,蜀山区,瑶海区,叶集区,霍邱县,寿县	裕安区,金寨县,岳西县,太湖县,潜山市,霍山县	花山区,铜陵市郊区,枞阳县,大观区,铜官区,无为市,含山县,和县,雨山区,迎江区,当涂县,宿松县,贵池区,宜秀区,巢湖市、东至县,繁昌区,庐江县,望江县,怀宁县,镜湖区,弋江区,鸠江区、博望区,桐城市	石台县,广德市,黄山区,旌德县,宁国市,宣州区,郎溪县,绩溪县,黟县,屯溪区,祁门县,青阳县,泾县,徽州区,休宁县,歙县,南陵县
2	二类区	0.5～1					
3	三类区	1～2	砀山县		舒城县		
4	四类区	2～4		凤阳县,天长市,来安县,肥东县,明光市	金安区		
5	五类区	>4	埇桥区,泗县,濉溪县,五河县,谯城区,怀远县,蒙城县,利辛县,涡阳县	长丰县			

注:按照现行行政区域划分。

表 4.32　2011 年旱灾绝收灾情空间分布表

序号	类别	绝收面积(万亩)	分布情况				
			淮北平原区	江淮丘陵区	皖西山区	沿江平原区	皖南山区
1	一类区	0～0.5	相山区,界首市,颍州区,临泉县,颍泉区,颍东区,固镇县,太和县,颍上县,阜南县,八公山区,谢家集区,凤台县,潘集区,淮上区,龙子湖区,田家庵区,杜集区,烈山区,蚌山区,萧县,灵璧县,砀山县,埇桥区,泗县,濉溪县,五河县,谯城区,怀远县,蒙城县,利辛县,涡阳县,禹会区	琅琊区,定远县,南谯区,包河区,庐阳区,蜀山区,瑶海区,霍邱县,凤阳县,长丰县	裕安区,岳西县,舒城县	铜陵市郊区,枞阳县,大观区,铜官区,雨山区,迎江区,巢湖市,东至县,繁昌区,望江县,弋江区,鸠江区,博望区,宿松县,当涂县,镜湖区,桐城市,花山区,宜秀区	广德市,黄山区,旌德县,宁国市,郎溪县,绩溪县,黟县,屯溪区,祁门县,徽州区,休宁县,歙县,南陵县,石台县,青阳县,泾县
2	二类区	0.5～1		天长市,叶集区,全椒县	霍山县	含山县,和县	宣州区
3	三类区	1～2	大通区		潜山市,太湖县	贵池区,怀宁县	
4	四类区	2～4		来安县	金安区	庐江县	
5	五类区	>4		明光市,肥西县,寿县,肥东县	金寨县	无为市	

注:按照现行行政区域划分。

表 4.33　2012 年旱灾绝收灾情空间分布表

序号	类别	绝收面积(万亩)	分布情况				
			淮北平原区	江淮丘陵区	皖西山区	沿江平原区	皖南山区
1	一类区	0～0.5	相山区,界首市,颍州区,临泉县,颍泉区,颍东区,固镇县,太和县,颍上县,阜南县,八公山区,谢家集区,凤台县,淮上区,龙子湖区,杜集区,烈山区,蚌山区,萧县,灵璧县,砀山县,埇桥区,泗县,濉溪县,五河县,谯城区,怀远县,蒙城县,利辛县,涡阳县,禹会区,大通区,潘集区	南谯区,包河区,庐阳区,蜀山区,瑶海区,霍邱县,叶集区,全椒县,肥西县,肥东县,琅琊区,来安县	岳西县,舒城县,霍山县,潜山市,太湖县	铜陵市郊区,枞阳县,大观区,铜官区,雨山区,迎江区,巢湖市,东至县,繁昌区,望江县,弋江区,鸠江区,博望区,宿松县,当涂县,镜湖区,桐城市,花山区,宜秀区,含山县,和县,怀宁县,庐江县,无为市	广德市,黄山区,旌德县,宁国市,郎溪县,绩溪县,黟县,屯溪区,祁门县,徽州区,休宁县,歙县,南陵县,泾县,宣州区,石台县
2	二类区	0.5～1					青阳县
3	三类区	1～2		凤阳县,明光市			
4	四类区	2～4		寿县	裕安区	贵池区	
5	五类区	>4		天长市,长丰县,定远县	金安区,金寨县		

注:按照现行行政区域划分。

表 4.34　2013 年旱灾绝收灾情空间分布表

序号	类别	绝收面积(万亩)	分布情况				
			淮北平原区	江淮丘陵区	皖西山区	沿江平原区	皖南山区
1	一类区	0～0.5	相山区,界首市,颍州区,颍泉区,颍东区,固镇县,太和县,颍上县,八公山区,谢家集区,凤台县,淮上区,龙子湖区,杜集区,烈山区,蚌山区,萧县,灵璧县,砀山县,埇桥区,濉溪县,五河县,怀远县,涡阳县,禹会区,大通区,潘集区,泗县	包河区,庐阳区,瑶海区,叶集区,蜀山区		大观区,铜官区,雨山区,迎江区,弋江区,鸠江区,博望区,镜湖区,花山区,宜秀区,宿松县	黄山区,黟县,屯溪区,祁门县,徽州区,休宁县,歙县
2	二类区	0.5～1					南陵县
3	三类区	1～2	蒙城县,田家庵区,临泉县,阜南县,谯城区	琅琊区,天长市,来安县		铜陵市郊区,繁昌区,望江县,当涂县,怀宁县	石台县,旌德县,郎溪县
4	四类区	2～4		霍邱县,明光市	岳西县,太湖县,潜山市	东至县,和县,巢湖市	广德市,绩溪县
5	五类区	>4	利辛县	全椒县,肥西县,定远县,南谯区,凤阳县,肥东县,寿县,长丰县	舒城县,霍山县,金寨县,金安区,裕安区	枞阳县,贵池区,桐城市,含山县,无为市,庐江县	宣州区,青阳县,泾县,宁国市

注:按照现行行政区域划分。

分析表 4.6 至表 4.34 受灾、成灾和绝收空间分布数据可以看出，1990—2019 年的 30 年间，安徽省历年干旱的受灾范围主要集中在江淮丘陵区以及淮北平原区。江淮丘陵区霍邱、寿县、肥东，淮北平原区定远、利辛、涡阳、蒙城、临泉、太和、濉溪 10 个县干旱受灾较为严重，在 1990—2019 年的 30 年中，这 10 个县的受灾面积占全省县区受灾面积的 28%，平均每年受灾 494 万亩，2001 年尤为严重。

江淮丘陵区位于安徽中部地区，降雨较淮北平原区更为丰沛，而旱灾最为严重的原因在于：江淮丘陵区地势起伏、水低田高，灌溉难度大；此外江淮丘陵区位于南北气候过渡带，降水年际变化大、年内分配不均，旱涝急转现象突出，这些特殊的自然因素均是农业生产的不利条件，是农业旱灾严重的重要原因。而淮北平原区浅层地下水丰富，能够较好补给农业灌溉，且农作物多以旱作物为主，需水量相对较小，因此面对旱情韧性较高。皖南山区降雨量较为丰沛、山地较多、农业种植面积相对较小，因此即使发生旱情，受灾成灾面积也相对较小。

4.4　旱灾时空分布特征总结

本章对 1950—2023 年安徽旱灾进行了时序分析、旱灾空间分布分析以及典型年剖析，总结得出旱灾时空分布特征如下：

（1）1950—2023 年共 74 年间，安徽因干旱受灾的面积共计 10.24 亿亩，共计成灾面积 5.32 亿亩；年均受灾面积 1384 万亩，年均成灾面积 719 万亩。其中，受灾面积最大的年份为 1997 年，受灾面积 5879 万亩；成灾最大的年份为 1994 年，成灾面积 3929 万亩。各代际中，20 世纪 90 年代旱灾最为严重，年平均受灾面积达 3243 万亩，年平均成灾面积达 1301 万亩，受灾面积和成灾面积分别为 1950—2023 年多年平均值的 2.3 倍和 1.8 倍。自 2000 年以后，旱灾面积呈递减趋势，2010—2019 年旱灾受灾成灾面积为新中国成立后最低。

（2）从 1990—2019 年 30 年间旱灾灾情空间分布上来看，灾情空间分布特征分为两个阶段。2000 年以前，沿江平原区较为严重，江淮丘陵区次之，淮北平原区最小；2000 年以后，江淮丘陵区是安徽旱灾最为严重的地区，其次为淮北平原区。

（3）江淮丘陵区的寿县、霍邱、定远、长丰等地旱灾发生频率及灾情均较为严重。淮北平原区虽然受灾面积较高，但成灾和绝收面积较小，具有较好的韧性。江南地区整体受旱较轻，但部分地区成灾面积低于淮北平原区、而绝收面积高于淮北平原区，反映农作物对旱情较为敏感。

第5章　典型旱灾年份旱情纪实

本章对安徽历史上旱灾较为严重的若干年份进行收集和梳理，包括1641、1785、1856、1934、1959、1966、1978、1994—1995、2011、2013、2019和2022年。这些历史旱情纪实反映了安徽省不同历史时期的干旱及旱灾特征，通过对这些历史旱灾的回顾，能够部分揭示安徽严重旱灾的发生发展历程及其对社会经济的深远影响。

本章所引据的史料来源包括《安徽省志水利志》和安徽省水利水电勘测设计院相关科技档案、学术文献，以及安徽省水利厅及各地市水利局相关资料。

5.1　1641　年

1641年，安徽全省发生特大性干旱，11个州府中有6个州府是第二年连续干旱，而庐州府、凤阳府和泗、宿州为第三年连续干旱。据《气象灾害大典》记载及汪志国研究，1641年旱灾范围覆盖41个县，波及巢湖、六安、阜阳、颍上、霍邱、石台、砀山、桐城、望江、东至、太湖、贵池、泾县、绩溪、宿州、怀远、铜陵、萧县、五河、亳州、天长、全椒、合肥、庐江、霍山、含山、和县、无为、当涂、南陵、安庆、怀宁、宿松、铜陵、潜山、青阳、广德、宁国、旌德、太平、歙县。

关于1641年旱灾，光绪霍山县志记载："又旱，人相食。"乾隆望江县志记载："大旱，人相食。"怀宁县志记载："大旱，人相食，死者枕藉。"民国版桐城县志记载："大旱，饥者食人。"民国潜山县志记载："大旱，饥者刲人为食，无敢独行道路者。"康熙安庆府志记载："大旱，人相食，死者枕藉。"史书上寥寥数笔，道出了1641年旱灾给江淮大地带来的生灵涂炭。

5.2　1785　年

1785年，江淮和长江中下游地区发生了严重的干旱。据史料记载，当时"太湖水涸百余里，湖底掘得独木舟"。这次干旱持续了4年，并伴随着严重的蝗灾和瘟疫。此外，在旱灾期间，"担水千钱"（如霍邱县）、"杯水数十钱"（如寿州）的记载有六次，"死者甚众"（如盱眙县）有两次，民不聊生。这些历史记载表明，在明代和清代，安徽地区经历了严重的干旱灾害，对当地社会经济和人民生活产生了深远的影响。

这一年，全省11个州府皆大旱，其中10个州府旱情严重，宁国府、六安、寿州特别严重，多地旱情全年超过3个季度。

江南自夏初至冬不雨，民饥，食草根树皮，死者枕藉于道。江淮之间的六寿州，三至八月不雨，川竭草枯，斗米一千一百有奇，民食草根树皮，人相食，民死十之四，有阖家毙者。凤阳、颍州府属因雨泽愆期不能赶种，二麦被旱，秋禾被旱成灾七至九分。亳州等十九州、县被灾九至十分。

庐州府志记载："郡属皆大旱，道馑相望。尤以无为州奇旱，自去冬至是年终无雨。江湖闭，山田籽粒无收，圩之滨河湖者收三十分之一，饿殍枕藉，米价每石制钱七千文。"宣城史料记载："自夏初至冬不雨，民饥、食草根树皮，死者枕籍于道。"旌德史料记载："大旱，斗米值足佰钱五百，民多殣死。"南陵史料记载："大旱蝗，自春至秋无雨，斗米钱七百文，盐价每斤八分，民食榆蕨殆尽，饿殍相望。"

5.3 1856 年

1856年(咸丰六年)安徽发生了一次大旱灾，共有36个县受灾。该年长江、淮河两个流域达27县，旱灾伴随严重蝗灾，"人相食"现象颇为普遍。《气象灾害大典》对1856年旱灾有如下记载：

南陵："大旱，自二月至七月始雨，禾苗枯死，八月蝗大起。"

灵璧、凤台："夏四月，大旱。"

凤阳："四月，旱。"

安庆、怀宁："大旱，赤地千里，四月至八月不雨，饥民嗷嗷，食榆树皮叶殆尽。"

六安："五月，旱，自春末不雨至八月雨，草木重华，秋蝗。"

霍山："大旱，自五月不雨至八月，那邑数百里尽赤。"

广德："夏五月至六月，不雨，大旱。九月，蝗。大饥。"

宿州："夏，大旱，飞雌蔽野。"

萧县："夏，旱蝗，岱山湖水汨。秋冬，荒歉。"

潜山："丙辰夏，大旱。秋，大疫。自六月初十日断雨至七月二十八日始雨，赤地千里，人相食，榆皮食尽，好粒无收。"

祁门："六七月，大旱。岁大饥。"

定远："大旱，七月不雨，千里地皆赤。"

颍上："秋，大旱蝗。"

舒城："冬民苦旱，米价腾贵，野有饿殍。冬，桃李华。"

泗县、五河、怀远、阜阳、滁州、天长、来安、寿县、和县、桐城、宿松、石台："大旱。"

亳州："蝗。"

太和："旱。飞蝗至，食禾几尽。"

全椒："大旱，斗米千钱，人相食。"

合肥："大旱蝗，米价腾贵，野有饿殍。"

霍邱："旱蝗。"

庐江："旱蝗灾。"

芜湖："旱，蝗蔽天日。"

太湖："大旱，米价腾贵

贵池、青阳："旱。"

宣城："大旱蝗。"

宁国："大旱，人相食。江南北州县均大旱，庐、凤、颍、六四属蝗甚。"

5.4 1934 年

1934 年，安徽发生全省性大旱，旱情空前。多地均记载了 1934 年旱灾的情景，部分摘录如下：

枞阳："五月二十日至八月下旬方下雨，高地稻禾全部干死，籽粒无收，全区受旱 36920 亩，受灾 33564 人。"

望江、广德："六至八月，大旱，仅降水 52 mm 和 93 mm，两地五至九月的总雨量也仅有 154 mm 和 243 mm。"

桐城："又来晚近稀有之奇旱，该年自六月下旬以后即行赤日当空，天无片云，交秋之后，始行细雨，致使田原禾苗悉行枯萎，几有赤地千里之嗟(又买自夏历四月二十五、二十六几日大雨，洪水平拂野外，如同大海，从此后数月不雨，因为水稻已种，其初尚不缺水，无人肯改旱粮，后来久旱时其已晚，欲改旱粮已来不及，所以这种旱情比光绪十八年较重数倍)。"

广德："大旱，禾苗全死，竹木亦枯，百年未有。本年自四月初七得雨后至九月十三日百日有余，久旱不雨。"

宁国："大旱，民间树皮草根食尽。"

歙县："山田尽成陆地，塘池水竭，饮料已呈不济，旱稻山穑，皆成白秕，东乡秋收无望之田，约在三万亩，衣食不继之农民，约三千人。""水南一带背系高山峻岭，今年天气久旱，一般山坑田，干死甚多，现在收获结果，最好田仅有五六成，以三四成者占大多数颗粒无收者，亦颇不少。"

祁门："久旱，迟谷无法下种，高田之禾，着火可着，低田之禾，有半数颗粒无收。"

全椒："该县去冬既无雨雪，今春又遭亢旱，田塘蓄水，泡种已感不足，勉力在查者，不及十分之三。满拟得雨补种，讵如下以来，亢旱益甚，点雨俱无，其已栽种之田禾，大半枯槁，未插之田亩，均成龟裂，塘坝干涸，河水断流，赤地百里，形成六十年来未有之奇灾。该邑素称贫瘠之区，民鲜盖藏，自辛未水患后，浩劫余生，元气未复，今春又遭雹灾，二麦收成锐减。现复经此旱劫，全境壮丁流离失所者约三万四千人，耕牛什九均被宰食。"

泾县："本年自废历四月初八以来，旱魃肆虐，雨量缺乏，田皆龟折，禾尽枯槁，溪涧断流，仅存大河一线之水，各处饮料维艰……查全县灾区已逾十分之八，灾民数达十余万之多。诚未有之巨灾，空前之浩劫也。"

贵池："本年旱灾惨重，据中央赈务会之调查，被灾百分之八十三，安徽政府委员会复勘，实达百分之八十五。"

刘成萌在《1934 年安徽旱灾赈济研究》中对 1934 年安徽旱灾进行的系统性深入梳理，现将部分内容摘录总结如下：

1934 年 6—7 月间，长江中下游上海、安徽、江苏、浙江、湖北等地高温干旱，屡创历史新高。安徽地处此次旱灾的中心地带，以安庆和芜湖为例："安庆久旱不雨，7 月中旬，每日午间的室内气温均在 43.3 ℃上下，为六十年之最。芜湖自入夏以来，70 余日久旱无雨。"全省有 21 个县旱情最为严重，有 26 个县呈现旱象。受旱农田达 3707.2 万亩。

据《大公报》报道，1934 年夏季气温"开六十年来酷热之新记录"。民国 23 年安徽省政府工作报告记载："是年入夏以来，雨泽奇少，水量枯竭，加以酷热蒸腾，各田争戽，纵使塘堰全修，亦未必能抗此数十年来之奇旱。"据当时政府中央农业实验所调查统计，全省受旱农田共 3707.2 万亩，占全省总耕地面积 69%。

对于 1934 年旱灾，《大公报》以《全省灾民 870 余万，树皮草根食尽，已到生死关头》为题报道："客岁江淮大旱，皖灾尤烈，耆宿故老叹为百年所未有。据言咸丰六年虽有旱魃，无此酷烈。客冬严寒凛冽，冻死、饿死者不胜其数，因不能生活而全家自戕亦时有所闻。"《申报》报道："今年扬子江中下游各区，自浙江以迄湖南，广被旱灾影响。有颗粒无收者，有五六分收成者，有一两分收成者。其全部收成何如？虽缺乏正当确切之统计，然就大体估量，米谷收获恐不及常年十分之七。"

根据刘成萌《1934 年安徽旱灾赈济研究》一文数据，计算 1934 年旱灾安徽各县受灾田亩和灾民比例，如图 5.1 和图 5.2 所示。

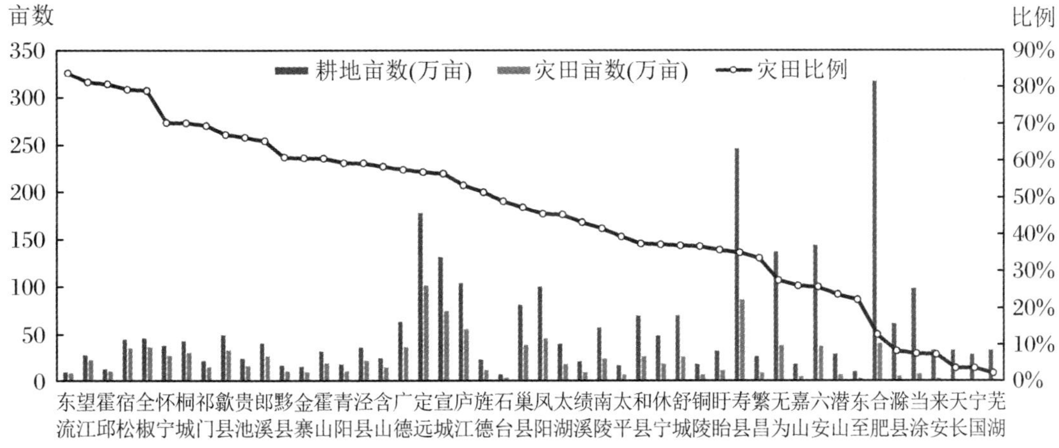

图 5.1　1934 年安徽旱灾各县受灾耕地统计

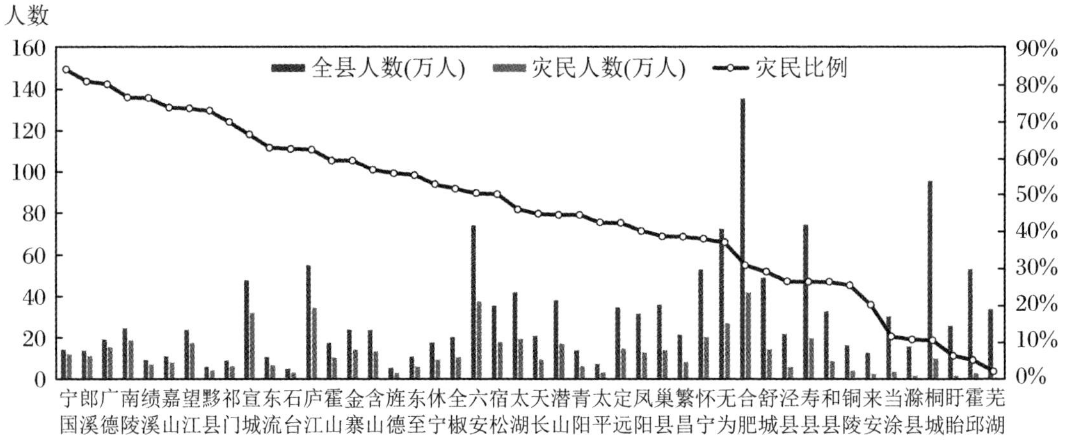

图 5.2 1934 年安徽旱灾各县灾民统计

由图 5.1 和图 5.2 可见，1934 年安徽各县平均受灾田亩比例为 45%，平均灾民比例为 47%，旱灾导致近半农田和人民受灾。受灾田亩比例最高的地区为皖南地区，如东流、望江、宿松、怀宁、桐城等；也有部分江淮丘陵地区，如霍邱、全椒、霍山等。灾民比例最高的地区集中于皖南，但江淮丘陵区嘉山、庐江、霍山等地灾民比例也较高。

5.5 1959 年

1959 年，降雨季节性分布极不均衡，正值农作物需水高峰期，降雨显著减少。据全省 21 个雨量测站统计，7—10 月，淮北平原区和江淮之间的中部、东部和沿江平原区，降雨量比常年同期少五至六成。有些县 7 月份雨水特少，8 月份又连续少雨。阜南县 7—8 月降雨量仅达 9.4 mm。阜阳地区 6 月 11 日至 7 月 30 日，40 多天的降雨量共 70.9 mm，而同期蒸发量却达 330 mm。由 1958 年冬到 1959 年 2 月，淮北平原区雨量普遍减少，库塘蓄水量也相应减少，加之 7—10 月 100 余天降雨量仅占常年同期的一半，气温高，蒸发量大，致使淮河干、支流河道几乎全部断流，抗旱缺乏水源，加剧了旱情发展。

据统计，1959 年全省因旱成灾 3426 万亩，占全省播种面积的 39.8%，其中淮北平原区 1735 万亩，江淮之间丘陵区 1486 万亩，大别山区 66 万亩，江南地区 137 万亩，圩区 2 万多亩。该年各专区受灾和成灾面积如表 5.1 所示。

表 5.1 1959 年安徽省受灾、成灾面积统计表

（单位：万亩）

地　区	播种面积	受灾面积	成灾面积	成灾占播种面积百分比
阜阳专区	1869.3	1485.6	844	45.2%
蚌埠专区	2696.4	1755.4	1347	50.0%

续表

地　区	播种面积	受灾面积	成灾面积	成灾占播种面积百分比
淮北	1741.2	979.1	891	51.2%
淮南	955.2	776.3	456	47.8%
六安专区	1293.6	902.2	577	44.6%
芜湖专区	1105.0	534.7	278	25.2%
安庆专区	1074.4	393.2	131	12.2%
合肥市	544.6	309.0	241	44.2%
淮南市	22.5	21.0	7	31.1%

5.6　1966　年

1966年是新中国成立以后年降雨量非常少的年份。该年安徽淮河流域降雨量仅占多年平均降雨量的64%，沿江、江南和安庆专区低于多年平均降雨量20%。在5—9月农作物需水关键时期，全省大部分地区的降雨量不足同期多年平均降雨量的一半。8月江淮之间东部和沿江部分县市，降雨量不足10 mm。

该年水情方面也较为严峻。淮河断流146天，洪泽湖干涸见底。除长江等大河流外，全省大部分河道断流。大部分中型水库、所有的小型水库和塘坝干涸。抗旱水源缺乏，一些地区人畜饮水发生困难。旱情方面，淮北平原区夏旱、秋旱连冬旱。淮南、江南地区伏旱连秋旱。具体受灾和成灾面积统计如表5.2所示。

表5.2　1966年安徽省受灾、成灾面积统计表

（单位：万亩）

地　区	受灾面积	成灾面积	成灾占受灾面积百分比
阜阳专区	1039.5	766.0	73.7%
宿县专区	492.1	443.0	90%
滁县专区	411.3	411.3	100%
六安专区	319.1	319.1	100%
巢湖专区	187.7	187.7	100%
安庆专区	320.9	191.2	59.6%
徽州专区	41.7	41.5	98.7%
芜湖专区	58.3	58.3	100%
合肥市	84.6	84.6	100%

续表

地　区	受灾面积	成灾面积	成灾占受灾面积百分比
淮北市	140.0	72.0	51.4%
淮南市	74.3	56.0	75.5%
蚌埠市	20.9	20.9	100%
芜湖市	6.3	6.3	100%
铜陵市	6.5	5.9	90.7%
马鞍山市	2.0	2.0	100%
全省	3205.2	2655.8	82.8%

5.7　1978　年

1978 年干旱基本特征是：上冬缺雪，春天和梅雨期少雨，伏天干热，秋似酷暑，岁末又旱，江淮枯水，水源奇缺。全省绝大部分地区年雨量为 1949 年以来的最低值。《气象灾害大典》对 1978 年旱灾描述如下：

"1978 年春季，江北干旱。1、2 月份，雨量还比较正常，自 3 月中旬以后，淮北平原区雨水稀少，春旱严重。6—8 月，全省旱情极其严重。进入夏季，常受弱冷高压控制，晴天少雨。6 月下旬副热带高压迅速北抬，雨区随之北移，23—24 日江淮之间、24 日夜至 25 日沿淮淮北下了一场大到暴雨，接着副热带高压便控制安徽，天气晴热，形成'空梅'，全省提前半个月进入盛夏，旱情迅速蔓延到全省。此时全省各大型水库已无水可放，六安地区的史杭灌渠已断水，自然河道绝大多数亦已断流，沟塘堰坝蓄的水已基本用完，不仅抗旱缺乏水源，而且不少地区人畜用水已极为困难，情况十分严重。秋冬季，全省继续干旱。秋季，全省降水继续偏少，旱情持续，土壤墒情极差，各地都需引水抢种。在部分缺乏水源的地区，根本无法下种，严重影响了秋种进度。直至 11 月份全省连降两场喜雨，且雨量适中，使全省除宣城、郎溪、广德和凤阳、定远、明光一带外，旱情得到缓和。进入 12 月，全省总雨量仍偏少，各地旱情又不断发展。"

1978 年全省大部分地方 3—9 月的总雨量为 1949 年后历年的最低值。从地区分布来看，淮北平原区 21 个县、市当中，有 10 个县市较常年少 40%～50%，9 个县、市少 30%左右。江淮之间的 25 个县、市中有 24 个县、市较常年少 40%～50%。江南地区 23 个县、市当中有 21 个县、市较常年少 40%～50%，和县最为严重，年降雨只有 403.7 mm，较常年减少 60%之多。

长江、淮河干支流来水量特别少。7—8 月，淮南、江南地区长时间的少雨，使江河来水量锐减，沿江、沿淮主要河道与湖泊蓄水量极小，总量只有 27 亿 m^3。佛子岭等大型水库因来水少，蓄水量大大减少。淮河干流长时期断流，水库、塘坝蓄水量极少，出现自 6 月到 1979

年4月连续10个月枯水期，蚌埠闸全年下泄水量不足多年平均的1/10。长江水位一般比常年同期低1～2 m。淠史杭灌区五大水库6月下旬已无水可放，中小水库、塘坝与河流基本干涸。沿江两岸梅雨季节出现“空梅”，降雨量只占常年同期的30%左右，为历年来的最低值。

从时间分布来看，淮北平原区4—5月的降雨量仅占常年同期的1/10。江淮地区及沿江两岸，4—10月的降雨量为常年同期的4—5成。淮南、江南地区很多地方新春伊始到岁末均少雨。6—8月，全省旱情极其严重。6月下旬副热带高压迅速北抬，雨区北移，23—25日江淮之间、沿淮淮北下大到暴雨，随后副高控制安徽，天气晴热，全省“空梅”，提前半月入盛夏，旱情蔓延。秋冬季全省持续干旱，秋季降水少，墒情差，多地需引水抢种，部分缺水源地区无法下种，影响秋种进度。11月全省连降两场雨量适中的喜雨，除部分地区外旱情缓和。

1978年旱情总受灾面积为4170万亩，占总耕地面积的98.1%，其中特旱面积最大，为2584万亩，占总耕地面积的38.6%。按播种面积统计，受灾面积2581万亩，占全年播种面积的80%，其中午季作物受旱2410万亩，秋季作物受旱4170万亩，各地区受灾和成灾面积如表5.3所示。

表5.3　安徽省秋季作物受灾、成灾面积统计表

（单位：万亩）

地　区	受灾面积	成灾面积	成灾占受灾面积比例	说明
阜阳专区	1144.5	692.0	60.5%	
宿县专区	753.6	545.0	72.0%	
滁县专区	397.6	255.0	64.2%	
六安专区	573.8	253.0	47.1%	含肥西县
巢湖专区	276.1	148.0	53.6%	含肥东县
安庆专区	323.9	216.0	66.9%	
徽州专区	250.7	193.0	77.2%	
芜湖专区	128.7	87.0	68.0%	
合肥市	102.0	48.0	47.1%	
淮北市	105.9	61.0	58.0%	含濉溪县
淮南市	7.5	5.0	66.6%	含凤台县
蚌埠市	72.1	50.0	68.4%	含长丰县
芜湖市	16.0	14.0	87.5%	含义安区
铜陵市	16.5	13.0	78.7%	含湾沚区
马鞍山市	1.0	1.0	100%	
全省	4169.9	2581.0	62.0%	

1978 年旱灾全省成灾情况如表 5.4 所示。

表 5.4　1978 年旱灾成灾面积统计表

（单位：万亩）

流域地市		成灾面积
阜阳地区		692.00
宿县地区		544.89
滁县地区	淮河流域	207.73
	长江流域	47.28
	合计	255.01
六安地区	淮河流域	197.20
	长江流域	55.94
	合计	253.14
安庆地区		216.98
巢湖地区		147.49
徽州地区	长江流域	30.93
	新安口流域	56.27
	合计	87.20
淮北市		47.71
淮南市		61.16
蚌埠市		0
合肥市	淮河流域	42.88
	长江流域	6.50
	合计	49.38
芜湖市		0
马鞍山市		0.59
铜陵市		14.24
安庆市		0.05

统计表 5.4 可见，1978 年旱灾全省成灾面积 3015 万亩。其中，淮河流域的干旱成灾面积高达 1794 万亩，长江流域的干旱成灾面积达到 713 万亩，新安江流域的干旱成灾面积为 57 万亩。面对特大干旱，中共各级党组织和人民政府领导人民进行了抗旱斗争。新中国成立 30 多年兴建的大批水利工程，尤其是几个大型灌区工程，在抗旱中发挥了巨大效益，大幅度减少了因旱成灾的面积，使旱灾损失降低到最低程度。

剖析 1978 年旱灾成因，主要原因在于降水量偏少和蓄水能力薄弱两方面。

1. 降雨偏少、水源不足

利用降水距平来说明干旱情况，分区域月平均降雨及距平如表 5.5 所示。

表 5.5　1978 年分区域各月平均降雨和距平

区域	降雨和距平	1 月	2 月	3 月	4 月	5 月	6 月
淮北	降雨(mm)	4	33	26	12	23	117
	距平	-81%	14%	-45%	-78%	-69%	-4%
江淮	降雨(mm)	32	46	68	35	86	77
	距平	-11%	-12%	-20%	-64%	-26%	-56%
江南	降雨(mm)	64	54	100	68	120	73
	距平	18%	-27%	-13%	-49%	-22%	-67%
区域	降雨和距平	7 月	8 月	9 月	10 月	11 月	12 月
淮北	降雨(mm)	117	97	47	46	34	6
	距平	-47%	-28%	-39%	1%	1%	-68%
江淮	降雨(mm)	87	47	38	35	51	15
	距平	-54%	-65%	-50%	-35%	2%	-47%
江南	降雨(mm)	66	41	44	38	53	21
	距平	-64%	-72%	-50%	-44%	-12%	-47%

由表 5.5 可见，淮河流域自冬春季开始降水量就明显少于正常年份，特别是淮北平原区，1—5 月中有 4 个月降水少于常年，距平为 -45% 到 -78%，1—9 月中有 8 个月少于常年，距平基本低于 -30%。江淮之间和长江流域降水亦不足，特别是夏季 7—9 月份，长江流域受副高控制，降雨很少，气温偏高，降雨距平低于 -50%。

降水量少直接导致了河道内径流量偏小，据蚌埠站径流资料，1978 年下泄水量 27 亿 m^2，不足多年平均的 10%。长江干流水量为平常年份的 70%，5—10 月长江水位接近新中国成立以来的最低值。巢湖出现建闸后的最低水位 6 m。省内中小河流大都断流。

2. 水利工程调蓄库容小、抽水规模不足

因前期和同期降雨均偏少，1978 年大型水库蓄水量比常年少 2～9 成，特别是 5 月份以后比常年少 6 成以上，基本无水抗旱，当时建设了临时泵站抽取死库容灌溉。淮北平原由于地势平坦，坡度小，难以建设集中蓄水工程，只能利用蚌埠闸等河流节制闸蓄水，蓄水量小，连同面上沟塘调蓄库容不超过 12 亿 m^3。重点大中型水库蓄水量与常年蓄水量对比数据如表 5.6 所示。

表 5.6　1978 年大型水库蓄水量统计表

（单位：$\times 10^8$ m^3）

月份	1978 年蓄水量	常年蓄水量	比常年偏少
1 月	25.39	33.10	20%
2 月	29.39	36.04	20%
3 月	31.72	40.79	20%
4 月	23.71	42.33	40%
5 月	17.53	39.71	60%
6 月	11.76	40.44	70%
7 月	8.04	40.68	80%
8 月	5.91	37.60	80%
9 月	4.40	36.57	90%
10 月	3.90	35.42	90%
11 月	4.55	38.42	90%
12 月	5.15	32.26	80%

5.8　1994—1995 年

1994 年，淮北自 4 月下旬起降水稀少，旱情发展，至 6 月受灾面积 1905 万亩，影响夏种顺利进行，夏季，全省出现罕见的夏伏旱。1995 年江淮丘陵区两侧降水依然偏少，旱情十分严重，且春、夏、秋、冬四季均出现旱情。

6 月 28 日以后，各地降水稀少，夏日炎炎，高温酷暑，蒸发量大，土壤墒情急剧下降，江北地区旱情迅速发展，淮北平原区尤其严重，至 7 月 13 日，全省受灾面积达 4095 万亩，其中，严重受旱的为 2430 万亩，死苗面积近 105 万亩，部分地区田块开裂，禾苗枯萎，主要受害作物有花生、大豆、烟草和玉米。

7 月 19 日起，全省出现第二段高温酷暑天气。至 7 月 29 日，大部分地区滴雨未落，伏旱再度蔓延，新增受灾面积约 1995 万亩，尤其是东部地区的滁州、合肥、巢湖、芜湖、宣城等地区，一些小型河、塘、水库干涸，人畜饮水也发生严重困难。进入 8 月份，全省降水继续稀少，干旱持续发展，中旬地表干土层厚度淮北大部为 5 cm，蒙城、合肥、寿县等地达 10～11 cm。

9—11 月，全省大部地区秋旱。江北从 9 月 12 日起，江南从 9 月 22 日至 10 月 8 日，降水偏少，合肥、霍邱等地干土层厚 7～8 cm，对秋种有一定影响。10 月 21 日至 11 月 12 日，全省晴暖无雨，旱情再次发展，江淮丘陵地区受灾面积 105 万亩，部分晚播小麦出苗不齐。10 月至 12 月约 80 天降雨仍然偏少，旱情继续发展，部分地方人畜饮水十分困难。

在1994年旱灾当中，江淮丘陵区的旱灾尤为严重。江淮丘陵区两侧7个县(市)的年降水量普遍偏少，尤其是7月上旬至8月上旬的伏旱，持续高温少雨，旱情特别严重，秋又继续少雨，严重影响适时秋种。全年两次干旱高峰简述如下：

第1次干旱高峰从6月底到7月上旬，该地区随着高温天气的持续，旱情迅速发展，一些旱作物开始卷叶枯黄，甚至枯死，水稻也由于干旱缺水而影响分蘖，如长丰县80万亩水稻有45万亩因缺水而分蘖不足；12万亩棉花有8万亩成灾，还有5万亩水稻、7万亩秋旱作物均未能适时下种。

第2次干旱高峰从7月下旬开始至9月，再次出现长期晴热高温天气，旱情进一步加重。当时小型水库和塘坝均已干涸，农作物中90%发生不同程度的干旱，部分水稻田田块干裂，稻叶枯黄，旱杂粮和经济作物萎蔫、卷叶枯死。缺水严重的乡镇要到几里甚至十几里外的地方去挑水、运水，有的地方不得不把耕牛等大牲畜转移到有水源的地方寄养。特别是水利死角地区和灌区尾部井内无水，人畜饮用水只有靠运水车辆送水维持。

1995年江淮丘陵区地区旱情尤为严重。春旱从4月初开始一直延续到6月中旬。由于前一年冬天气温偏高，降水偏少，水库蓄水不足，塘坝干涸，该地区的午季作物均不同程度受旱成灾，有些地方小麦发黄枯死，人畜饮用水仍然困难。5月底，水稻泡田和育秧用水严重不足，直到6月20日普降一次喜雨，一般为60～170 mm，加上各县(市)加大提引外水力度，才基本完成水稻的栽插任务。

夏旱发生于7月到8月上旬。在此期间，安徽出现晴热高温天气，加上前期库塘蓄水严重不足，农作物旱情迅速发展，全区水稻缺水，田块干裂，旱作物出现枯黄。严重受旱区主要分布在灌区尾部和小水库、塘坝灌区。肥西县双季晚稻缺水栽插。7月中旬以后，淮河以南地区持续晴热少雨，伏旱迅速发展，受灾面积达1185万亩。紧靠分水岭北侧的南分路乡2.5万亩单季晚稻有2万亩水源缺乏，其中有2万亩绝收。

秋旱发生于8月中旬到10月中旬。入秋以后仍然持续高温达半月之久，这种情况在安徽省很少出现，致使部分地区因旱迟栽的稻受旱减产。进入秋种季节的10月份，仍持续少雨，大部分地方秋种不能按时播种，小麦、油菜大多靠抗旱造墒抢种。直到10月下旬，该地区仍然有150多万亩午季作物因旱无法下种。

冬旱出现在11月到12月，安徽范围基本无雨，是新中国成立以来所罕见。大别山区五大水库蓄水比多年同期均值少$9\times10^8\ m^3$，仅蓄水$7\times10^8\ m^3$(包括死库容$5\times10^8\ m^3$)。该地区绝大部分小水库和塘坝仍然干涸见底，中型水库蓄水也严重不足。部分小麦、油菜出现黄苗，人畜饮用水仍然十分困难。肥东县青龙乡群众要跑5 km多路到长丰县境内有水的地方买水吃，定远等县城工业和居民生活用水亦发生困难。

纵观1995年的旱情特点，一是四季都有旱情，持续时间长；二是旱情发生在作物需水关键时期，如春旱发生在春播作物栽种之前缺水，午季作物急需灌溉的阶段缺水，夏旱发生在单季稻正值烤田后急需灌溉的孕穗、灌浆期，棉花也处于对缺水十分敏感的开花结蕾期，玉米、大豆也都属需水关键期，对农业生产影响很大；三是水库、塘坝的前期底水严重不足，旱上加旱，抗旱难度大、灾情重。

分析1994—1995年特大旱情，其原因主要有以下几方面：

1. 降水量少且降水量与农作物关键需水期不相适应

1994、1995 年降水量少，约为多年平均降水的 55%～75%，而且是连续两年雨量不足。如肥东县 1994、1995 两年降水量为 1200 mm，定远县两年降水量为 1273 mm，均为新中国成立以来所罕见。这是造成该地区干旱的主要原因。

单季中稻的大田生长期为 6 月初至 9 月中旬(栽秧期在 5 月下旬)，一般自 6 月中旬开始分蘖，至 8 月中、下旬进入灌浆阶段，这期间为作物关键需水期。分析 1994 年 6 月中旬至 8 月底 80 天的降水量并与 1966、1978 两个大旱年比较，如表 5.7 所示。

表 5.7　1994 年部分地区降雨量及对比

县别	1994 年	1966 年		1978 年	
	80 天降雨量（mm）	80 天降雨量（mm）	与 1994 年相比	80 天降雨量（mm）	与 1994 年相比
定远	160	132	−18%	227	+42%
长丰	105	75	−29%	231	+120%
肥东	121	126	+4%	241	+99%
肥西	172	157	−9%	187	+9%
六安	166	127	−23%	197	+19%
明光	165	133	−19%	247	+50%
凤阳	107	155	+45%	162	+51%
	142	129	−9%	213	+50%

由表 5.7 可见，在作物关键需水期的降雨量，1966 年较 1994 年 7 县(市)平均少 9%，1978 年较 1994 年 7 县(市)平均多 50%。从这方面来看，1994 年较 1978 年缺水量更大。

2. 提引外水能力不足

丘岗地区水利上突出的问题是旱，为了解决丘岗区缺水问题，新中国成立后已陆续兴建了淠史杭、驷马山、女山湖、撮镇、炉桥等提、引外水灌溉工程，但仍然有一些高岗地区缺乏提引外水的工程。如原规划的女山湖灌区，驷马山上游灌区，因女山湖引淮灌溉工程和驷马山引江灌溉工程的停建，仅定远县就有 100 余万亩耕地无外水补给，遇干旱年份塘坝及小型水库干涸后，只能望天兴叹。

3. 工程设施老化，灌溉能力降低

当时的灌溉工程大多为 20 世纪六、七十年代建成，经过二、三十年的运行，均存在老化损坏现象。其中中小水库多为土坝，因资金不足遗留工程多、工程质量差等原因，很多水库已成为病险库，严重影响了设计效益的发挥。抽水泵站机电设备多数老化损坏。自 1985 年以来，省、地、县各级业务部门对该泵站工程虽然陆续安排了部分经费进行泵站设施的更新改造，但因经费有限，一级站只更换了管道和部分电气设备，二级站更新改造只限于厂房及

机电设备，三级站只更换了进出水管道。机泵，变压器都没有得到更新，这些设备带病运行，严重影响了灌溉效益的发挥。

4. 灌区配套不齐，工程管理不善

灌溉工程主体工程建设较为完善，但配套工程往往被忽视，影响了整体效益的发挥。如在淠史杭灌区，1986—1990年利用外资仅对总干、瓦东、瓦西等少数干渠进行了渠系配套，淠杭、滁河、潜南等干渠及部分分干渠都未进行过完整的渠系配套，许多支、斗渠缺乏进水闸及桥梁等渠系建筑物。据初步调查分析，由于灌区配套不齐和管理不善两方面的原因，淠史杭灌区在灌溉期内从渠首引入的水量有10%以上跑水废泄，同时加剧了中下游灌区的缺水程度。

六安市水利局对于1994—1995年六安市旱情进行了深入分析，将此次旱情的原因归纳为3个因素，分别为天的因素、地的因素、人的因素。天的因素包括降水量少、蒸发消耗大；上年的底水少；降水在时间上分布和作物需水期不对应。地的因素包括地下水埋藏深，浅层地下水贫乏；大部分耕地在淠史杭渠道水位以上，可自流灌溉的耕地多数在渠道下游，旱时缺水。人的因素为工程设施建设投入薄弱。

（1）天的因素

① 降水量

1995年六安市平均降水量为728.0 mm，仅占年均降水量的62%左右。即使在年均降水量的情况下，江淮丘陵区片农业和人畜用水尚且不足，因此，该年降水量偏少将近40%的后果是非常严重的。而1995年降水量为728.0 mm，比市内陆面蒸发量仅多20 mm左右，降水量经过蒸发已所剩无几，农业和人畜用水近乎断绝，无法维持。

② 上年底水

六安市1995年的旱灾是1978年以后17年来最大的一次，从灾情角度来说，1995年灾情比1978年更为严重。将1994—1995年的旱灾与1977—1978年旱灾进行比较，可以看出上年底水对旱情的影响：1994—1995年总降水量为1511.4 mm，1977—1978年总降水量为2035.5 mm，1994—1995年总降水量比1977—1978年少542.1 mm。虽然1995年的降水量比1978年多80 mm，但1994年的降水量比1977年少604.1 mm，因此1994年蓄水工程的底水比1977年少。表5.8展示了两组年份的降水量对比。

表5.8　六安市1994—1995年与1977—1978年降水量对比

（单位：mm）

年　份	上半年降水量	下半年降水量	全年降水量	相邻两年降水量
1994	481.1	302.3	783.4	1511.4
1995	487.2	240.8	728.0	
1977	677.1	710.4	1387.5	2035.5
1978	404.9	243.1	648.0	

1994 年 9—10 月降水量 76 mm，1977 年 9—10 月降水量为 243.3 mm，1994 年降水量比 1977 年少 167.3 mm。此时是油菜、小麦下种时间。因缺水，严重影响油菜、小麦的下种，对 1995 年午季的收成影响大。1995 年 7—11 月降水量为 226.2 mm，1978 年 7—11 月降水量为 227.8 mm，1995 年降水量比 1978 年少 1.6 mm，此时时间是早、中、晚的穗期，是作物需水敏感期，综合以上因素，1995 年旱灾灾情比 1978 年严重，表 5.9 列出了两年的灾情对比。

表 5.9　六安市 1995 年、1978 年旱灾情况

年　份	年降水量（mm）	受灾面积（万亩）	受灾面积（万亩）	重灾面积（万亩）	绝收面积（万亩）
1995	728.0	124.3	92.3	47.0	28.2
1978	648.0	119.8	52.8	35.4	25.6

(2) 地的因素

六安市江淮丘陵区沿线，地面以下 60 m 以内，地下水贫乏。井深只有超过 60 m，才有可能达到富含水层。江淮丘陵区 10 个乡镇，井深一般在 15～35 m。1995 年先生店乡 410 座水井，186 座（占总数 45.4%）水井枯竭，224 座（占总数 54.6%）水井，其水深仅 1 m 左右，无法维持用水。

六安江淮丘陵区片 10 个乡镇，除旋桥乡局部耕地属杭埠河灌区外，其他均属淠河灌区。有关渠道的设计水位：淠河灌区—淠河总干渠 52.50～49.14 m，淠杭干渠 50.42～50.40 m，瓦西干渠 50.24～49.32 m。杭埠河灌区—杭淠河干渠 52.70～51.40 m。江淮丘陵区沿线 10 个乡镇，高程在 55～100 m 的耕地，有 29.2 万亩（占耕地总面积 65%）在淠史杭渠道水位以上。高程在 55 m 以下的耕地有 15.65 万亩（占耕地总面积 35%），可自流灌溉的耕地多数在干渠或支、斗、农渠下游，旱时因渠系建筑物不配套，用水困难或无水灌溉。

(3) 人的因素

1986—1990 年，淠史杭灌区引用外资配套，与江淮丘陵区 10 个乡镇有关的淠杭干渠、双河分干渠、杭淠分干渠及国营电灌站、小水库等工程，均未被纳入计划，致使该地成为淠史杭灌区灌溉保证率非常低的地区，一遇干旱，即缺水少水，成为重灾区。

5.9　2001　年

2001 年是 2000 年至 2023 年统计数据中灾情最为严重的一年，自 3 月底至 11 月中旬，影响至 2002 年 4 月底。2001 年汛期接近“空梅”，6—9 月全省降雨量较常年偏少 10%～70%。自 3 月份起，安徽淮河流域持续干旱少雨，特别是进入 6 月下旬以后，沿淮地区基本无降雨，加上持续高温和上游来水减少，致使旱情迅速发展。

2001 年安徽旱灾成灾面积最大的是霍邱县，达 236 万亩；其次是寿县，达 212 万亩；再次是定远县，达 190 万亩。全省绝收面积最大的县为霍邱县，达 65 万亩；其次是长丰县，达 63

万亩；再次是定远县，达62万亩。

长江安庆站8月8日水位10.38 m，为1972年后来的最低值，影响沿江泵站的正常抽水。江淮丘陵区及以北地区夏秋两季作物播种被迫推迟、延长，大部分地区采取人工造墒拌水播种，出苗发芽率低，普遍出现缺棵少苗现象，部分地区数次补种改种。

大别山区五大水库2001年来水显著低于常年均值。2001年，大别山区五大水库总来水量为$2.28\times10^9\ m^3$，低于多年平均来水量52.6%。其中，响洪甸水库来水量$5.05\times10^8\ m^3$，磨子潭水库来水量$3.33\times10^8\ m^3$，佛子岭水库来水量$3.62\times10^8\ m^3$，梅山水库来水量$5.26\times10^8\ m^3$，龙河口水库来水量$5.54\times10^8\ m^3$。根据频率分析，该年来水保证率为97%，来水频率为33年一遇。各水库来水情况如表5.10所示。

表5.10 2001年大别山区五大水库来水

（单位：$\times10^8\ m^3$）

	响洪甸	磨子潭	佛子岭	梅山	龙河口
2001年来水量	5.05	3.33	3.62	5.26	5.54
多年平均来水量	10.97	5.67	7.78	13.26	8.85
80%保证率来水量	6.88	3.79	3.81	8.09	5.70

持续的少雨高温及用水量大导致库、塘、湖泊蓄水剧减，江淮丘陵的小型库塘基本干涸。过境水量显著减少，其中淮河干流偏少90%，长江及淮河支流偏少20%～90%，淮河干流王家坝、润河集分别断流9天、11天。7月淮河干流蚌埠闸上水位以每天0.03～0.05 m速度持续下落，至7月18日，水位落至15.57 m，是自1965年创建闸以来同期最低值。7月18日，淮河干流河道蓄水量1.50亿m^3，其中可用水量仅为3500万m^3；省境上游王家坝流量仅为6.5 m^3/s，鲁台子站流量为38 m^3/s。此外，蚌埠闸上河段水质明显恶化，普遍呈Ⅳ-Ⅴ类水，尤其淮南市水质恶化较为严重。蚌埠、淮南两市缺水形势十分严峻。

为保淮南、蚌埠两城市供水，一度采取“弃农保城”应急措施。安徽省防汛抗旱指挥部启动了应急供水调度，在淮河干流水位低于15.50 m时严格限制农业及非生产性用水，对耗水大户低效益企业实行限额供水；当淮河流水位低于15.00 m时，对非重点企业及居民用水实行定时定量供应。安徽省防汛抗旱指挥部对沿淮水资源调度提出了如下意见：

（1）当瓦埠湖水位低于17 m时，严格限制湖周边的寿县、长丰县农业用水，以保淮南、寿县等城镇用水。

（2）当淮河蚌埠闸上水位低于14.5 m时，在坏洪新河新胡洼闸临时架机向蚌埠闸上供水。沿怀洪新河两岸的农业用水停止。

（3）城东湖通过限制农业供水可存蓄部分水量，应作淮南、蚌埠两市供水战略储备，也是长期抗旱最后的水源。当淮河干流上游基本无来水，蚌埠闸上水位低于13.5 m时，方可考虑动用城东湖适当补给淮河干流水源。

5.10 2019 年

2019 年淮河以南地区发生严重干旱，局部旱灾重。自 2019 年 3 月起，安徽降雨持续偏少，特别是 8 月 12 日至 11 月 10 日，全省平均降雨较常年偏少 7 成，皖西山区、江淮丘陵区东部、沿江平原区、皖南山区部分地区降雨较常年偏少 8 成以上，淮河以南部分地区突破历史极值。9 月中旬至 11 月中旬为旱情最严重的时期，全省大部分地区处于重度或特旱干旱状态。温高雨少田间蒸发量大，导致农田土壤失墒快，农业干旱迅速发展。11 月中旬，全省大部维持中-重度旱情，沿江和淮北局部地区特旱。受天气条件和人工增雨作业共同影响，11 月 17—18 日和 24—27 日全省出现明显降水，至月末全省大部地区旱情基本解除，仅沿江中部和淮北东部小范围仍有旱情。

2019 年历史降雨同期最少市县如表 5.11 所示。

表 5.11　2019 年 8 月 12 日—11 月 10 日降雨历史同期最少市县统计表

行政区	降雨为历史同期最少的行政区	个数	备　注
市	合肥、黄山、芜湖、安庆、池州、铜陵、马鞍山	7	
县(区)	肥西县、庐江县、肥东县、烈山区、相山区、杜集区、八公山区、大通区、全椒县、霍山县、金安区、金寨县、舒城县、裕安区、南陵县、无为县、湾沚区、弋江区、和县、花山区、当涂县、雨山区、太湖县、望江县、岳西县、宜秀区、贵池区、青阳县、石台县、东至县、枞阳县、郊区、泾县、黄山区、徽州区、祁门县、歙县、屯溪区	38	涉及合肥、黄山、芜湖、安庆、池州、铜陵、马鞍山、六安、滁州、淮南、宣城、淮北 12 市

由表 5.11 可见，与 1978 年相比，2019 年降雨总体偏多，但在 9—11 月，2019 年全省各个区域降雨比 1978 年少，其中 9 月、10 月份全省平均雨量为 23 mm、19 mm，均较大旱年 1978 年偏少 5 成；11 月份全省平均雨量为 40 mm，较 1978 年偏少 1 成。

大别山区六大水库 2019 年来水显著低于常年均值。2019 年，大别山区六大水库总来水量为 27.05 亿 m^3，低于多年平均来水量为 43.7%。其中，响洪甸水库来水量为 5.89 亿 m^3，磨子潭水库来水量为 3.7 亿 m^3，佛子岭水库来水量为 1.25 亿 m^3，白莲崖水库来水量为3.77 亿 m^3，梅山水库来水量为 6.24 亿 m^3，龙河口水库来水量为 6.21 亿 m^3。根据频率分析，该年来水保证率为 91%，来水频率为 11 年一遇。各水库来水情况如表 5.12 所示。

表5.12　2019年大别山区六大水库来水

（单位：$\times 10^8$ m^3）

	响洪甸	磨子潭	佛子岭	白莲崖	梅山水库	龙河口
来水量	5.89	3.70	1.25	3.77	6.24	6.21
多年平均来水量	10.97	5.67	7.78	13.26	8.85	8.85
80%保证率来水量	6.88	3.79	3.81	8.09	5.70	5.70

2019年安徽的雨水情、旱情特点是：

（1）降雨持续严重偏少、连续无有效降雨日异常偏多，部分区域突破历史极值

2019年1月以来，全省面均雨量为869 mm，较常年同期少3成。入汛以来全省面均雨量为579 mm，较常年同期少3成。8月12日以来全省面均雨量为105 mm，较常年同期少6成，其中淮北102 mm，江淮之间102 mm，皖西山区118 mm，沿江平原区76 mm，皖南山区125 mm，比常年同期偏少6～7成。全省平均降雨排历史最少第1位，其中江淮之间第2位，皖西山区、沿江平原区、皖南山区均排第1位。8月12日至11月26日最长连续无有效降雨日：大别山区、沿江平原区和皖南山区、江淮之间东部为74～107天，均为有记录以来第1位。

（2）大部分干支流来水严重偏少，淮河以南蓄水严重不足

2019年1月以来，淮干王家坝来水较常年少7成，长江大通站来水量较常年略多。8月12日以来，淮干王家坝来水较常年少9成，支流颍河界首站较常年少8成；长江大通站来水量较常年少3成，支流滁河襄河口站较常年少7成、皖河石牌站较常年少6成。受水利工程调控影响，淮河干流、沿江、沿淮湖泊蓄水总体和常年基本相当。大、中型水库蓄水量总体较常年同期少2～5成，淮河以南小型水库及塘坝蓄水较常年同期少5成以上，有1452座小型水库、793条(段)河道干涸。

（3）旱情影响时间长、范围广，淮河以南发生严重干旱

2019年的旱情有两个阶段。第1阶段是7月下旬至8月上旬的淮河流域及长江以北山丘区干旱。由于降雨严重偏少，加之持续高温，淮北平原区土壤失墒严重。7月17日开始，淮北部分地区出现旱情并向南发展，7月26日，旱情扩展到沿淮及江淮之间北部，8月初，旱情扩展到长江流域的山丘区，全省受旱面积一度达500万亩。在全力供水浇灌和“利奇马”台风降雨的共同影响下，全省第1阶段旱情基本解除。第2阶段是9月份开始的淮河以南地区严重干旱。8月12日以来，淮河以南地区降雨、来水异常偏少，旱情自9月份开始逐步显现。综合降雨、无雨日、来水量和蓄水量分析，淮河以南大部遭受25～30年一遇严重干旱，局部30～50年一遇特大干旱。淮河以南有45.59万人饮水发生困难。

为应对2019年旱情，安徽省启动了多项调度措施保障供水。针对不同阶段特点，加强工程调度，蓄水保水。春季全省水利工程蓄水总体好于常年同期，为春灌夏种供水打下了坚实的基础。三夏期间，充分拦蓄“利奇马”雨洪资源，淮河干支流、沿淮湖泊、淮河流域大中型水库增蓄水量为1.8亿m^3；抢抓长江、淮河干流外水较高时机，开启窑河闸累计引淮水8356万m^{3}入高塘湖。从凤凰颈站闸引水3.92亿m^3，不断补充蓄水。持续加强临淮岗、蚌埠闸

骨干工程联合调控，淮干临淮岗、蚌埠闸按正常蓄水位上限蓄水，在8月12日以来淮河干流王家坝来水偏少9成的情况下，不仅满足沿淮用水需求，还保持了与常年同期持平的淮干蓄水。

安徽水行政主管部门通过科学调度，充分发挥淠史杭灌区和驷马山引江工程等骨干水源工程的作用，累计增加供水量32.08亿m^3。这些措施不仅保障了合肥、六安、滁州等城市的供水安全，还为灌区内的农业生产提供了有力支持。

淠史杭灌区通过科学调度，充分利用蓄、引、提三种水源优势，多措并举保障供水。通过优化调度，淠史杭灌区有效保障了合肥、六安等城市的供水安全，同时为灌区内的1060万亩作物提供了灌溉水源，确保了大旱之年粮食丰收。驷马山引江工程的四座泵站全线开机提引长江水，向滁州、合肥等沿线地区城乡补水累计提水7亿m^3。该工程不仅保障了滁州市的供水安全，还通过"江水西引"工程，为合肥市提供了重要水源。

5.11 2022 年

2022年，安徽经历了少雨叠加高温，长江超低水位，淮河以南地区发生了50年一遇的特大干旱。全省先洪后旱、北涝南旱、旱涝兼有，是极不平凡的一年。2022年梅雨不典型，北方冷空气势力较弱，副热带高压较常年同期强度偏强、位置偏北，导致主雨带无法稳定维持，在江淮之间短期南北摆动后快速北抬，梅雨期结束后立即进入盛夏。6月19日入梅，7月11日出梅，入梅偏晚，出梅接近常年，梅雨期偏短，梅雨量明显偏少，其中沿江江南梅雨期降水量为141 mm，偏少61%，江淮之间梅雨期降水量为108 mm，偏少58%。

2022年1月1日至10月23日，全省平均降雨865 mm，虽然只比常年同期少2成，但降雨时空分布极不均衡。从时间上看，5月1日（进入汛期）至10月23日，全省平均降雨467 mm，比常年同期少4成；8月1日至10月23日，全省平均降雨125 mm，比常年同期少6成。从空间上看，淮河以南地区5月1日至10月2日75%的雨量站连续30天以上无有效降雨，占淮河以南面积的77%，其中长丰县蔡塘站连续86天无有效降雨。与大旱的2019年比，5月1日以来全省降雨量少1成，淮河以南降雨量少3成；仅次于特大干旱的1978年。6月1日以来，全省平均高温日数达47天，较常年同期（18天）偏多29天，为历史同期最多。8月1日至10月23日，全省累计平均水面蒸发量为278 mm，比常年同期多2成，其中宿松站8月14日蒸发量为10.7 mm，为单日最大。

受流域降雨偏少影响，长江干流上游来水量严重不足，7月1日开始安徽长江干流水位持续下落，自8月7日起，长江干流安庆、大通、芜湖等主要水文站水位均排1954年有完整观测资料以来历史同期最低，长江主要支流皖河怀宁石牌站、青弋江湾让西河站、漳河南陵站水位降至有资料以来同期最低。而与此同时，皖南长江支流3月发生强降雨，多处发生洪水；皖北7月发生强降雨，7月5日3时至6日6时，亳州市谯城区等地降大暴雨、特大暴雨，其中谯城区双沟站27小时降雨330 mm，谯城区、砀山县等地农田出现内涝。

从4月开始，大部分地区出现明显的降水量减少，较常年同期下降20%～50%，这导致了土壤水分含量的明显下降；进入6月份，安徽大部分地区进入持续性的严重干旱阶段，降水量仅为常年同期的30%～50%，进一步恶化了土壤干旱的情况。其中，2022年旱灾严重的地区主要集中在淮南、淮北和宿州等地区。部分地区灾情统计数据如下：

(1) 合肥市在田作物550万亩，受灾面积57万亩，绝收面积4万亩，受灾16万人，因旱需救助1817人，直接经济损失2.36亿元。因旱饮用水受影响507人。

(2) 安庆市因旱直接经济损失4亿元。农作物受灾面积75万亩，成灾面积28.35万亩，绝收面积1.65万亩；因旱造成饮水困难人口694人。

(3) 六安市因旱受灾人口约33万人，因旱需救助人口377人，其中因旱饮水困难需救助人口271人，农作物受灾面积71.55万亩，农作物成灾面积19.95万亩，农作物绝收面积3.6万亩。

(4) 阜阳市2022年全市秋粮种植面积为718万亩，其中玉米395万亩、水稻110万亩、大豆201万亩、甘薯10万余亩等。

为应对罕见旱情，安徽省及时启动淮河以南地区干旱防御Ⅳ级应急响应，利用水利工程蓄、引、提、调并举，科学调度保城乡供水，向城乡居民供水及农业灌溉供水约195.9亿m^3。在进入主汛期(6月1日)时，全省大中型水库、沿江沿淮有水利工程控制的江河湖泊的蓄水量比常年同期多蓄2成。抢抓前期长江水位高于内河水位的时机，调度沿江通江涵闸开闸引江水约5亿m^3。重点工程抗旱调度措施主要包括：

(1) 茨淮新河灌区上桥抽水站先后7次开机累计抽淮河水5.54亿m^3，保障了灌区175万亩农作物灌溉和城乡30万人用水。

(2) 驷马山引江工程乌江站及滁河梯级站累计提长江水10.2亿m^3，保障了200万亩农田及50万城乡居民饮水。为缓解合肥市及肥东县城市生活用水压力，通过驷马山引江工程实施“江水西调”向合肥市及肥东县应急调水约4100万m^3。

(3) 凤凰颈排灌站累计提长江水4.9亿m^3，在确保西河、永安河沿线生活生产用水的基础上，还通过兆河闸向巢湖补水，避免了巢湖水位持续下降。

(4) 淠史杭灌区累计从大别山六大水库调水34.3亿m^3，保障了灌区960万亩水稻和六安、合肥、淮南市16个县区的城乡居民生活用水。

在政府的坚强领导下，水行政主管部门超前部署、科学调度、综合施策，保农田灌溉用水、保城乡居民供水，实现了2022年大灾之年粮食丰产和城乡供水安全，取得了来之不易的抗旱成果。

第6章　连旱分析

连旱是指某一地区在连续多年内降水量显著低于正常水平，导致长期干旱的现象。连旱对自然生态和经济社会的危害程度远高于普通旱灾，不仅破坏自然生态平衡，还对农业生产、水资源供应和人类生活造成严重影响。连旱会导致土壤退化、农作物减产甚至绝收，威胁粮食安全；同时，水资源短缺可能引发饮水困难、生态系统崩溃以及社会经济问题。安徽历史上连旱多次发生。据史料记载，池州府，和、滁州，泗、宿州，历史上都发生过连续5年的干旱，和、滁州曾发生明嘉靖六年至十二年（1527—1534年）连续8年的干旱。新中国成立后，安徽省代表性连旱有1958—1959、1961—1962、1966—1967、1976—1978、1985—1986、1994—1995、2000—2001、2011—2013年等。鉴于此，本章基于《气象灾害大典》以及汪志国教授相关研究等资料，按照现行行政区划对安徽宋代以来各历史时期的连旱情景展开分析。

6.1　宋元时期连旱分析

宋元时期安徽旱灾发生频率较高，尤其是连续2年及以上发生旱灾的频率极高。据汪志国《宋元时期安徽自然灾害探析》一文统计，宋元时期连旱共计发生21次，如表6.1所示。

表6.1　宋元时期连续2年及以上发生旱灾简表

时期	连续2年及以上发生旱灾的年份
北宋	998、999、1000
	1004、1005
	1073、1074、1075
	1108、1109
	1119、1120
南宋	1131、1132、1133、1134、1135
	1178、1179、1180、1181、1182、1183
	1187、1188
	1190、1191、1192
	1200、1201
	1207、1208、1209

续表

时期	连续2年及以上发生旱灾的年份
南宋	1214、1215
	1265、1266、1267
元代	1297、1298、1299、1300、1301、1302
	1304、1305
	1315、1316
	1320、1321
	1326、1327
	1330、1331
	1333、1334
	1336、1337、1338

资料来源：1.《气象灾害大典》；2.《水旱史料》；3. 文献[6].

由表6.1可见，宋元时期，连续2年及以上发生旱灾，北宋时期有5次，南宋有8次，元代有8次。

安徽宋元时期连旱发生的地区，如表6.2所示。

表6.2 宋元时期连续2年以上发生旱灾的县简表

县名	连续2年以上发生旱灾的具体年份	备 注
全椒	1073—1075	(1074、1075年)"久旱，民捕为食。"
凤阳	1074—1075	
寿县	1133—1135，1179—1180，1191—1192	
含山	1133—1135，1191—1192	(1134年)"冬不雨，至翌年秋。"
无为	1179—1180	
广德	1180—1181	
当涂	1200—1201，1208—1209	
贵池	1214—1215，1297—1298	
东至	1214—1215，1297—1298	
灵璧	1266—1267，1337—1338	
宿州	1304—1305，1337—1338	(1337年)"八月不雨，至翌年二月。"
定远	1315—1316	
合肥	1326—1327	
祁门	1330—1331	
安庆	1333—1334	

资料来源：1.《气象灾害大典》；2.《水旱史料》；3. 文献[6].

由表6.2可见,宋元时期2年连旱的县有凤阳、寿县、含山、无为、广德、当涂、贵池、东至、灵璧、宿州、定远、合肥、祁门、安庆,共14个;3年连旱的县有全椒、寿县、含山,共3个。其中,寿县发生连旱次数最多,为3次。

6.2 明代连旱分析

明代安徽境内局部地区连旱的频率很高,其中,15个县有3次及以上连续记载旱灾,如表6.3所示。

表6.3 明代安徽境内连续2年及以上发生旱灾情况简表

县名	连续发生旱灾的时间段	连旱次数
凤阳	1456—1457、1479—1480、1503—1504、1511—1515、1527—1529、1568—1569、1637—1638	7
合肥	1503—1504、1514—1515、1534—1535、1553—1554、1589—1590、1616—1617、1640—1641	7
阜阳	1522—1523、1533—1535、1586—1589、1608—1609、1617—1619、1640—1641	6
来安	1527—1532、1563—1564、1566—1568、1588—1590、1616—1617	5
宿州	1526—1527、1533—1534、1601—1606、1608—1612、1640—1641	5
广德	1507—1509、1524—1525、1535—1536、1588—1589	4
五河	1508—1509、1522—1524、1534—1536、1640—1641	4
六安	1508—1509、1588—1589、1615—1616、1621—1622	4
石台	1483—1484、1531—1532、1544—1546、1640—1642	4
绩溪	1544—1547、1552—1553、1588—1589	3
东至	1544—1545、1588—1589、1639—1643	3
歙县	1438—1439、1502—1503、1522—1524	3
望江	1478—1479、1587—1588、1592—1594	3
含山	1486—1487、1563—1564、1588—1589	3
铜陵	1533—1534、1543—1545、1640—1642	3

资料来源:1.《气象灾害大典》;2.《水旱史料》;3.文献[7].

由表6.3可见,凤阳、合肥连续发生旱灾的情形最为严重,各有7次。其中,凤阳1次是连续5年发生旱灾，1次是连续3年出现旱灾，5次是连续2年出现旱灾；合肥7次连续2年发生旱灾。连续发生旱灾时间最长的是宿州，从1601年（明万历二十九年）至1606年（万历三十四年）连续6年发生旱灾，在明代安徽境内实属罕见。

6.3 清代连旱分析

清代安徽境内局部地区旱灾连续发生的频率较高。据统计，有50个县连续2年以上出现过旱灾。其中，11个县有5次以上连续2年以上记载旱灾，如表6.4所示。

表6.4 清代安徽境内连续2年以上连旱记载表

县名	连续2年以上连旱记载的时间段	次数
阜阳	1661—1667、1678—1679、1743—1744、1784—1785、1834—1835	5
怀远	1671—1672、1678—1679、1713—1714、1785—1786、1801—1803	5
合肥	1670—1672、1678—1679、1714—1716、1738—1739、1774—1775	5
定远	1700—1701、1711—1712、1774—1775、1785—1786、1832—1833	5
泗州	1678—1679、1686—1687、1721—1722、1752—1753、1774—1775	5
贵池	1645—1649、1679—1680、1693—1694、1734—1735、1738—1739	5
宣城	1651—1653、1671—1672、1677—1679、1707—1708、1751—1752	5
寿县	1678—1679、1738—1739、1751—1752、1767—1768、1774—1775、1802—1803	6
来安	1671—1672、1677—1679、1709—1710、1713—1714、1770—1771、1785—1786	6
无为	1652—1654、1667—1668、1671—1672、1679—1680、1738—1740、1783—1786	6
天长	1651—1652、1671—1672、1723—1724、1770—1772、1806—1807、1810—1811	6

资料来源：1.《气象灾害大典》；2.《水旱史料》；3.文献[8].

由表6.4可见，11个县中，6个县地处淮河流域，即阜阳、怀远、寿县、定远、泗州、天长。寿县、天长、来安、无为旱灾较为严重，连续2年以上旱灾发生了6次。连旱时间最长的是阜阳，从1661年（清顺治十八年）至1667年（清康熙六年）连续7年记载旱灾。

6.4 明清时期淮河流域连旱分析

梳理明清两代的连旱史料记载，得到安徽淮河流域15—19世纪连旱的情况，如表6.5所示。

表6.5 15—19世纪(明清时期)安徽淮河流域连旱统计

连续年次	年份	地点
连续2年	1441—1442	定远
	1481—1482	霍邱
	1487—1488	霍邱
	1508—1509	灵璧、五河
	1511—1512	凤阳
	1534—1535	五河
	1535—1536	盱眙
	1587—1588	太和、盱眙
	1588—1589	霍山、霍邱、凤阳
	1618—1619	宿县
	1624—1625	天长
	1634—1635	太和
	1639—1640	萧县、定远
	1640—1641	六安、霍山、天长
	1652—1653	盱眙
	1671—1672	怀远、凤阳
	1678—1679	阜阳、灵璧、泗县、五河、怀远、寿县、定远、天长、盱眙
	1686—1687	泗县、盱眙
	1706—1707	天长
	1711—1712	宿县
	1714—1715	霍邱
	1723—1724	天长
	1737—1738	盱眙
	1751—1752	寿县
	1752—1753	泗县

续表

连续年次	年份	地点
连续2年	1774—1775	泗县、寿县、定远
	1784—1785	宿县、五河
	1785—1786	定远
	1802—1803	凤台、寿县
	1806—1807	天长
	1809—1810	宿县
	1810—1811	盱眙
	1813—1814	五河
	1832—1833	定远、盱眙
	1855—1856	寿县
	1856—1857	霍丘
	1875—1876	宿县
	1876—1877	太和、定远
	1879—1880	定远
	1893—1894	亳县、五河
	1957—1958	六安
连续3年	1579—1581	灵璧
	1663—1665	阜阳
	1714—1716	六安
	1809—1811	天长
	1839—1841	五河
	1856—1858	泗县
	1891—1893	定远
连续4年	1614—1617	天长
	1802—1805	五河
连续5年	1529—1533	宿县、灵璧

由表6.5可见，淮河流域历史上常发生连续2年的干旱灾害，有的甚至是连续4年、5年发生旱灾。据相关历史资料统计，安徽淮河流域1441—1958年的500多年中，有定远县、霍邱县等15个县发生连续2年的旱灾，其中频繁出现的定远县、盱眙县高达8次连续2年发生旱灾；定远县、六安县等7个县连续3年发生旱灾；天长、五河连续4年发生旱灾；灵璧县和宿县连续5年发生旱灾。从地理位置分析，连续3年及以上发生旱灾的范围主要在淮北平原区的中北部。

6.5 1950—2023 年 74 年间连旱分析

1950—2023 年 74 年来发生 2～3 年的连续特、重干旱共 8 次，分别是 1958—1959、1961—1962、1966—1967、1976—1978、1985—1986、1994—1995、2000—2001、2011—2013 年。这些年份一般是连年少雨，全年连续无效降雨以及连续无降雨的天数占比很大，重旱年与特旱年先后出现，水库塘坝底水缺乏，旱灾的损失及负面影响特别严重。统计全省连旱旱情及发生区域，结果如表 6.6 所示，其中旱灾等级资料主要来源于《安徽防汛抗旱 65 年》和相关技术报告。

表 6.6 1950—2023 年连旱情况

连旱年份	持续年份	等 级	主要旱灾区
1958—1959	2 年	特大干旱	江淮之间及江南
1961—1962	2 年	严重干旱—中度干旱	淮北及江淮之间
1966—1967	2 年	特大干旱—严重干旱	淮北及江淮之间
1976—1978	3 年	严重干旱—特大干旱	淮北及江淮之间、蔓延至皖南、全省
1985—1986	2 年	严重干旱	全省
1994—1995	2 年	特大干旱—中度干旱	全省
2000—2001	2 年	特大干旱	全省
2011—2013	3 年	严重干旱	淮北、江淮之间

由表 6.6 可见，1950—2023 年间，全省性严重连旱共发生 8 次，其中 1976—1978 年为持续 3 年连旱，其余为 2 年连旱。1985—1986、1994—1995 和 2000—2001 年这 3 场连旱为全省性的，其余 5 场连旱波及范围为省内部分区域。在 5 场部分区域连旱中，均包含江淮之间地区，是连旱的高发区域。

进一步对淮河流域、长江流域和新安江流域连旱进行统计，结果如表 6.7 至表 6.9 所示。

表 6.7 1950—2023 年淮河流域连旱统计

连旱年份	连 旱 特 征
1959—1960	特大干旱—严重干旱
1977—1978	严重干旱—特大干旱
1991—1992	严重干旱
1994—1995	严重干旱

续表

连旱年份	连旱特征
1996—1997	严重干旱
2000—2001	特大干旱
2010—2011	严重干旱—特大干旱
2011—2013	严重干旱

表 6.8　1950—2023 年长江流域连旱统计

连旱年份	连旱特征
1958—1959	严重干旱—特大干旱
1966—1967	特大干旱—严重干旱
1976—1978	严重干旱—特大干旱
1991—1992	严重干旱
1994—1995	严重干旱
1996—1997	严重干旱
2000—2001	特大干旱
2009—2011	严重干旱—特大干旱—严重干旱
2011—2013	严重干旱

表 6.9　1950—2023 年新安江流域连旱统计

连旱年份	连旱特征
1958—1959	特大干旱—严重干旱
1977—1978	严重干旱—特大干旱
1985—1986	严重干旱
1990—1992	严重干旱
2005—2006	严重干旱

由淮河流域、长江流域和新安江流域连旱统计来看，3 个流域在特大干旱年份的旱情是较为同步的，例如 1976—1978、1994—1995、2000—2001 年。

连旱的破坏性强，其原因一方面是降水量持续偏低，另一方面是面上蓄水的底水少。当连旱发生时，水库、塘坝等蓄水工程在前期抗旱过程中已消耗大部分水量，再遭遇次年连续干旱，抗旱措施已经难以发挥作用，很可能导致旱情进一步加剧。

以 1995 年和 1978 年六安市旱灾为例。据 1996 年六安市水利电力局分析，1995 年的降水量比 1978 年多 80 mm，然而，1995 年六安市旱灾受灾面积为 92.3 万亩，较 1978 年受灾面积 52.8 万亩大了 43%。虽然 1995 年六安市降水量高于 1978 年，但 1995 年旱灾损失比 1978 年更为严重，造成这种现象的重要原因就在于上年底水情况的差异。结合上年降水量来看，1994—1995 年总降水量为 1511.4 mm，1977—1978 年总降水量为 2035.5 mm，1994—1995 年总降水量比 1977—1978 年少 542.1 mm。这导致 1995 年六安市水库等蓄水工程底水严重不足，旱灾破坏程度高于 1978 年。

1994 年六安市降水量为 783.4 mm，比市内长江流域年均陆面蒸发量(727.6 mm)仅多 55.8 mm；比市内淮河流域年均陆面蒸发量(701.6 mm)仅多 81.8 mm。1994 年的降水尚不足维持当年的农业和人畜用水，以致形成旱灾，人畜用水发生困难，无剩余底水补充 1995 年所需的水量。从降水过程来看，1994 年 9—10 月降水量为 76 mm，而此时是油菜、小麦下种时间，严重影响了油菜、小麦的下种，对次年午季的收成影响大。

从六安市广泛种植的水稻需水期来看，1995 年 7—11 月降水量为 226.2 mm，1978 年 7—11 月降水量为 227.8 mm，均显著低于多年平均值。此时是早、中、晚稻的穗期，是作物需水敏感期，两年水稻均遭受了严重旱灾。

2020 年，位于江淮丘陵区地区的淠史杭灌区的旱情也反映了这一特征。由于 2019 年伏秋冬连旱造成灌区水源锐减，大部分小水库和塘坝干涸，直至次年 2020 年久旱无雨，6 月中旬，灌区出现了局部特大干旱。当前，淠史杭灌区也采取了一系列调度预案应对连旱。例如在灌区水资源年度调度计划制定中，针对淠河、史河和杭埠河水库分别预留 7 亿 m^3、4 亿 m^3 和 1 亿 m^3 水量作为底水，以应对可能出现的连旱情景，这一措施有效提升了灌区应对连旱的弹性调控能力。

第 7 章　旱灾破坏深度分析

7.1　旱灾破坏深度概念

受灾面积、成灾面积和绝收面积 3 个指标对旱灾严重性的反映是逐渐递进的。根据我国《特别重大自然灾害损失统计调查制度》，农作物受灾、成灾、绝收面积，分别为减产 1 成、3 成、8 成以上播种面积。因此，一个地区的成灾面积(S_C)占受灾面积(S_S)的比值(以下简称成灾比 R_c)以及绝收面积(S_J)占受灾面积的比例(以下简称绝收比 R_J)能够反映受灾地区旱灾的旱灾破坏深度。成灾比和绝收比的计算方法如下：

$$R_c = \frac{S_C}{S_S} \tag{7.1}$$

$$R_J = \frac{S_J}{S_S} \tag{7.2}$$

比值越大，则说明该地区旱灾破坏越严重。本章基于 1990—2019 年间安徽旱灾受灾、成灾和绝收面积资料(其中个别年份数据缺失)，分析旱灾破坏深度的时空规律。由第 4 章可知，1990 年代为新中国成立以来旱灾最为严重的时期，2000 年后旱灾整体减轻，因此本章将旱灾破坏深度分为 1990—2019 年和 2000—2019 年两个阶段分别进行分析讨论。

7.2　全省旱灾破坏深度

统计全省 1990—2019 年间受灾面积、成灾面积、绝收面积，根据式(7.1)和式(7.2)计算得到各年的旱灾破坏深度，结果如图 7.1 所示。

由图 7.1 进行统计可见，1990—2019 年，全省多年平均成灾比为 64%，绝收比为 10%。也就是说，在全省多年平均条件下，每 10 亩受灾面积中，有 6.4 亩成灾、1 亩绝收。进一步统计 2000—2019 年旱灾破坏深度可得，全省多年平均成灾比为 61%，绝收比为 10%。其中，2016 年的绝收比为多年来最高，达 20%，但 2016 年为丰水年，全省旱情相对较轻，仅有江淮丘陵区的滁州市以及皖南山区宁国市、泾县出现了旱灾，受灾面积小，绝收比例高。

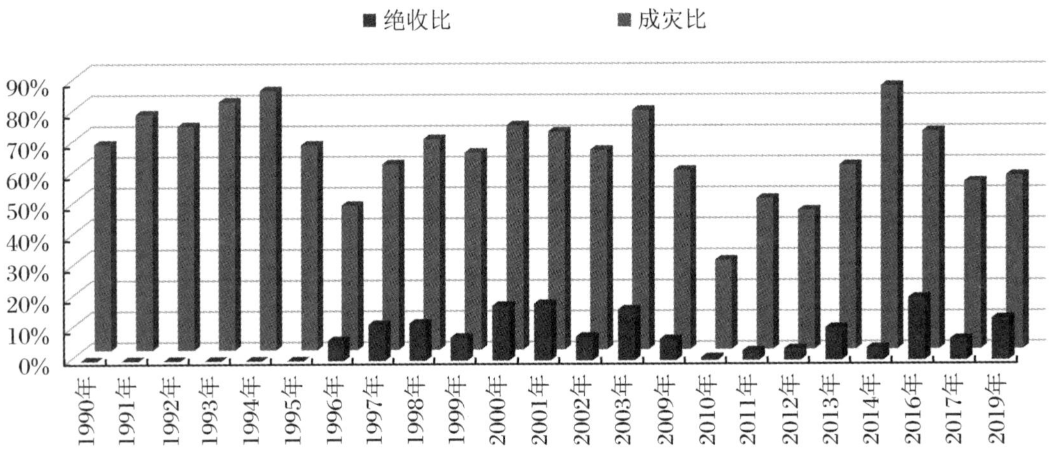

图 7.1　1990—2019 年安徽全省旱灾破坏深度

统计发现,不同年份、不同地区的成灾比和绝收比差异性较大,尤其是全省不同区域的成灾比与绝收比有较大的差异性和规律性,下文分别对淮北平原区、江淮丘陵区、皖西山区、沿江平原区和皖南山区的成灾比与绝收比进行统计分析。

7.3　淮北平原区

安徽淮北平原区包括阜阳市、亳州市、蚌埠市、宿州市、淮北市、淮南市(大通区、潘集区、田家庵区、谢家集区、凤台县)。统计淮北平原区旱灾破坏深度,结果如图 7.2 所示。

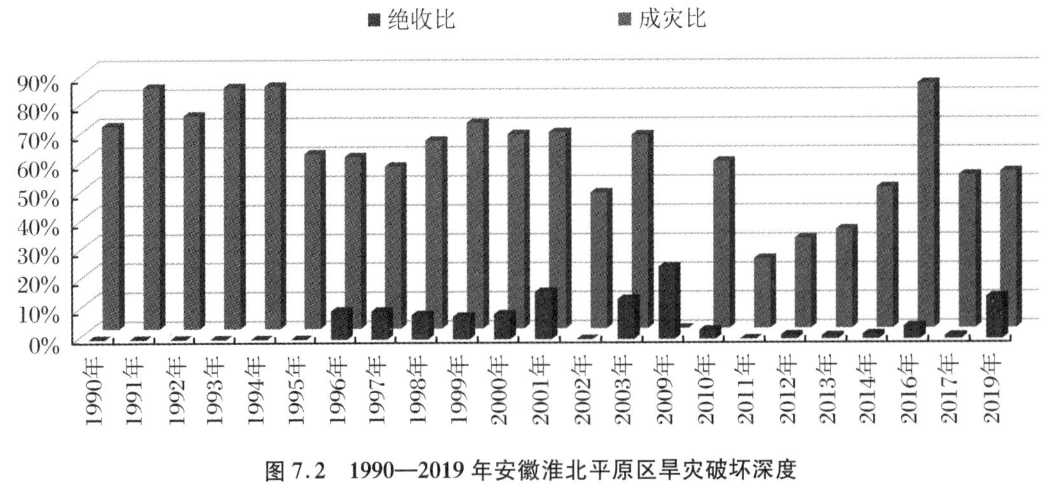

图 7.2　1990—2019 年安徽淮北平原区旱灾破坏深度

2000—2019 年淮北平原区平均旱灾破坏深度:绝收比为 9%,成灾比为 48%。其中,破坏深度最大的县是凤台县:绝收比为 12%,成灾比为 72%;其次是阜南县:绝收比为 10%,成灾比为 78%;再次是怀远县:绝收比为 10%,成灾比为 74%。

1990—2019 年淮北平原区平均旱灾破坏深度：绝收比为 7%，成灾比为 58%，均低于全省平均旱灾破坏深度。平均旱灾破坏深度最大的地区是定远县：绝收比为 21%，成灾比为 70%；其次是砀山县：绝收比为 5%，成灾比为 94%；再次是凤台县：绝收比为 11%，成灾比 71%。可见淮北平原区发生旱灾后的受旱程度较轻。

分析淮北平原区旱灾破坏深度低于全省均值的原因，可能有以下几点：首先，该地区所种植农作物以冬小麦、玉米、大豆等旱作物为主，作物需水量相对较低，具有较好的耐旱性；其次，安徽淮北平原区浅层地下水丰富，灌溉便利，在干旱年份为农业灌溉提供了重要的水源补给。

7.4　江淮丘陵区

安徽江淮丘陵区包括合肥市（蜀山区、包河区、庐阳区、瑶海区、长丰县、肥东县、肥西县）、滁州市、六安市（霍邱县和叶集区）以及淮南市（寿县）。该地区地形总体西南高、东北低，丘岗纵横分布，在皖西丘陵山区北部、腹地及南部分布 3 片低山谷陵，其余大部分为地势起伏不平的丘岗，岗冲相间、波状起伏的缓低岗，种植结构主要以水稻、小麦、豆类、油菜、中药材等为主。统计江淮丘陵区旱灾破坏深度，如图 7.3 所示。

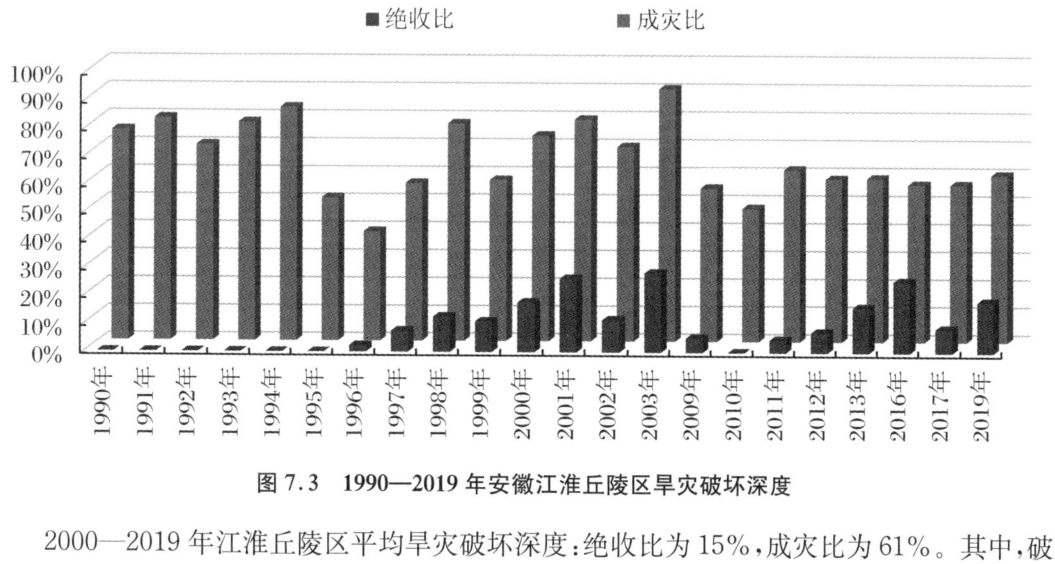

图 7.3　1990—2019 年安徽江淮丘陵区旱灾破坏深度

2000—2019 年江淮丘陵区平均旱灾破坏深度：绝收比为 15%，成灾比为 61%。其中，破坏深度最大的地区是长丰县：绝收比为 30%，成灾比为 86%；其次是肥东县：绝收比为 22%，成灾比为 81%；再次是肥西县，绝收比为 21%，成灾比为 98%。

1990—2019 年江淮丘陵区平均旱灾破坏深度：绝收比为 12%，成灾比为 66%，均高于全省平均旱灾破坏深度。其中，破坏深度最大的地区仍为长丰县：绝收比为 36%，成灾比为 79%；其次是肥西县：绝收比为 17%，成灾比为 86%；再次是肥东县：绝收比为 24%，成灾比为 75%。

可以看出，江淮丘陵区绝收比和成灾比均高于全省平均水平，旱灾灾情严重。结合前文所述，主要原因是：江淮丘陵区作物以水稻为主，作物需水量大；另一方面，江淮丘陵区地形多为丘陵岗地，水低田高现象普遍，工程保障较弱的地区抗旱条件差。尤其面对大旱年，绝收比可达到50%，例如，2001年旱灾，长丰县绝收比为52%，成灾比为80%；肥东县绝收比为50%，成灾比为66%。

7.5 皖西山区

安徽皖西山区包括六安市（金安区、裕安区、金寨县、舒城县、霍山县）和安庆市（潜山市、太湖县、岳西县）。统计皖西山区旱灾破坏深度，如图7.4所示。

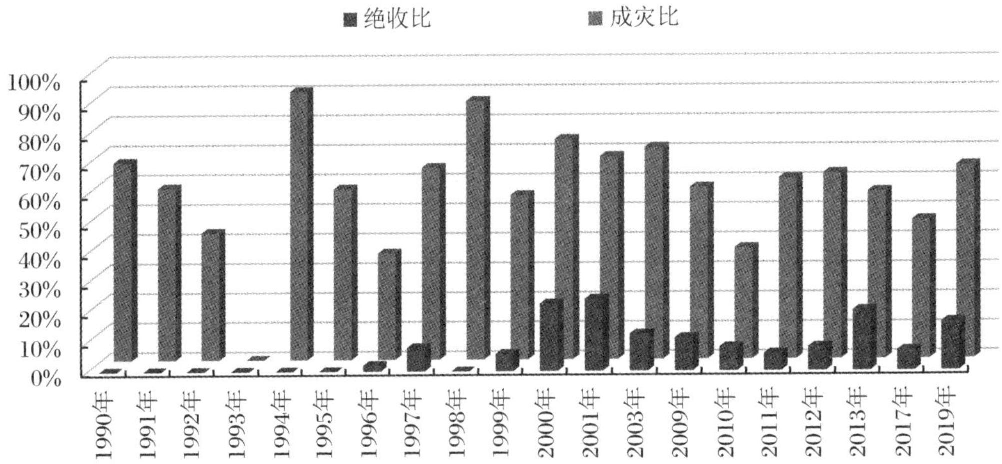

图7.4 1990—2019年安徽皖西山区旱灾破坏深度

2000—2019年皖西山区平均旱灾破坏深度：绝收比为16%，成灾比为59%。其中2000—2019年平均旱灾破坏深度最为严重的地区是太湖县：绝收比为18%，成灾比为67%；其次是岳西县：绝收比为21%，成灾比为57%；再次是舒城县：绝收比为16%，成灾比为65%。其他地区的绝收比均高于全省平均水平而成灾比均低于全省平均水平。

1990—2019年皖西山区平均旱灾破坏深度：绝收比为11%，成灾比为58%。破坏深度最严重的地区是岳西县：绝收比为19%，成灾比77%；其次是太湖县：绝收比为11%，成灾比为75%；再次是舒城县：绝收比为7%，成灾比为81%。

7.6　沿江平原区

安徽沿江平原区包括合肥市(巢湖市和庐江县)、安庆市(大观区、怀宁县、宿松县、桐城市、望江县、宜秀区、迎江区)、池州市(东至县、贵池区)、马鞍山市、铜陵市、芜湖市(繁昌区、镜湖区、鸠江区、湾沚区、弋江区、无为市)。统计安徽沿江平原区旱灾破坏深度,如图7.5所示。

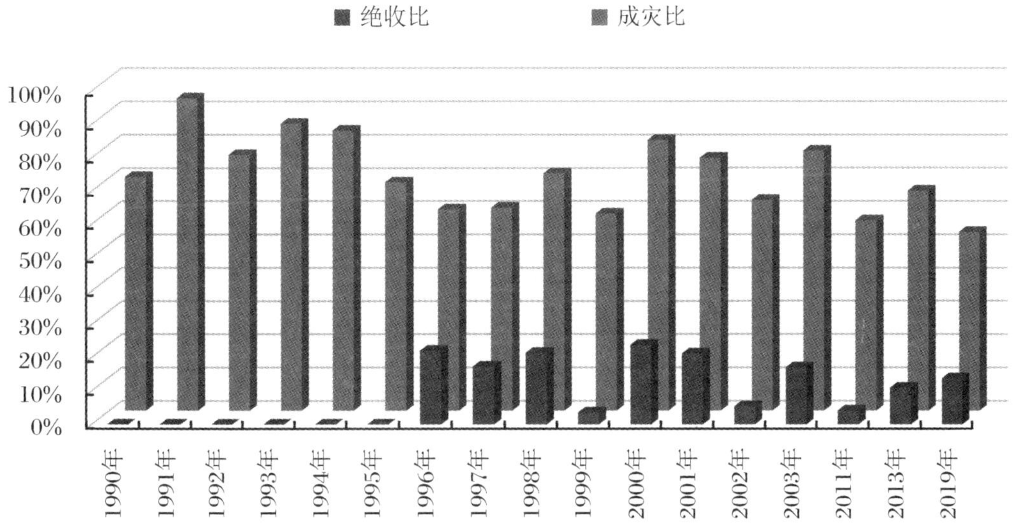

图7.5　1990—2019年安徽沿江平原区旱灾破坏深度

2000—2019年沿江平原区绝收比为17%,成灾比为57%。其中,旱灾破坏深度最为严重的地区是繁昌区:绝收比为23%,成灾比为71%;其次是含山县:绝收比为31%,成灾比为59%;再次是庐江县:绝收比为21%,成灾比62%。

1990—2019年沿江平原区绝收比为15%,成灾比为71%,均高于全省平均水平,绝收比高于全省平均绝收比5%,成灾比高于全省平均成灾比7%。破坏深度最大的地区是桐城县:绝收比为16%,成灾比92%;其次是庐江县:绝收比为20%,成灾比为79%;再次是含山县:绝收比为25%,成灾比为72%。

可见,沿江平原区整体破坏深度较高,尤其绝收比甚至高于江淮丘陵区,反映出沿江平原区农业旱情脆弱性较高,这与该区的水稻为主的种植结构密切相关。

7.7 皖南山区

安徽皖南山区包括池州市(青阳县、石台县)、芜湖市(南陵县)、黄山市、宣城市。该地区地形多为山区以及河谷盆地,且水系发达,包含众多河流,如新安江、青弋江、水阳江等,多流入长江。该地区主要种植水稻、油菜、茶叶、中草药等农作物。皖南山区旱灾破坏深度如图 7.6所示。

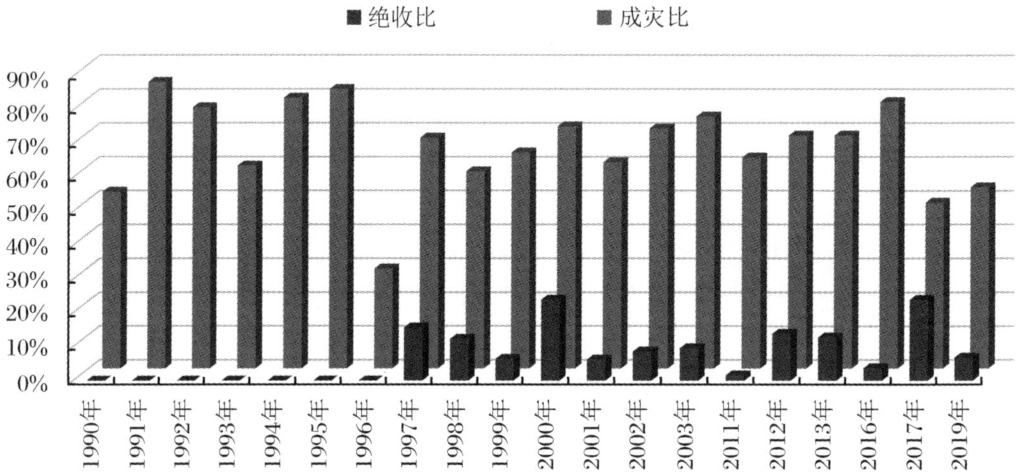

图 7.6 1990—2019 年安徽皖南山区旱灾破坏深度

2000—2019 年皖南山区平均旱灾破坏深度:绝收比为 14%,成灾比为 58%。整体与全省的平均旱灾破坏深度相近,但是绝收比较全省的平均水平要高一些。其中,破坏深度最大的地区是宁国市:绝收比为 22%,成灾比为 73%;其次是歙县:绝收比 17%,成灾比 77%;再次是青阳县:绝收比 11%,成灾比为 76%。

1990—2019 年皖南山区平均旱灾破坏深度:绝收比为 11%,成灾比 66%。其中,破坏深度最大的地区是广德县:绝收比为 6%,成灾比 93%;其次是黟县:绝收比为 2%,成灾比为 98%;再次是祁门县:绝收比为 5%,成灾比为 87%。

可见,皖南山区旱灾发生频率相对较低,但是一旦发生旱灾,其绝收比与全省平均水平相当,成灾比略高于全省平均水平。由此可见,皖南山区的旱灾呈现风险率低而风险损失高的特征。

7.8　旱灾破坏深度特征总结

总结1990—2019年多年平均受灾、成灾及绝收面积空间分布及旱灾破坏深度，可以得出以下结论：

(1) 1990—2019年间，安徽旱灾整体旱灾破坏深度：成灾比为64%、绝收比为10%。也就是说，每10亩受灾农田中，有6.4亩成灾，1亩绝收。2000—2019年间，成灾比为61%，绝收比为10%。

(2) 旱灾对农业生产的旱灾破坏深度在全省各地不尽相同。淮北平原区的旱灾破坏深度低于全省平均水平，反映该地区农业面对干旱的韧性较高。这可能由于：① 该地区农作物具有较好的耐旱性；② 淮北平原浅层地下水丰富，为农业灌溉提供了重要的水源补给；③ 人工河道及闸坝覆盖面广，灌溉条件较好。

(3) 江淮丘陵区以及沿江平原区的成灾比和绝收比均高于淮北平原区，由此可见，这两个地区一旦发生旱灾，旱灾破坏深度较淮北平原区更为严重。这说明该地区农业在旱灾条件下韧性相对较低，这可能是由江淮丘陵区及沿江平原区农作物对水分更为敏感所导致的。

第8章　旱灾特征与规律

安徽自古以来旱灾严重，旱灾持续时间长、波及面积广、发生频率高。基于前文对安徽各历史时期旱灾的梳理和分析，本章从旱灾频率、空间分布、连旱特征、季节特征、旱涝急转及破坏特征等角度，对安徽旱灾呈现的特征与规律进行总结。

8.1　旱灾频率

受地形、气候等因素制约，安徽全省范围内都有可能发生旱灾，且旱灾发生较频繁。根据《气象灾害大典》中关于旱灾的记载，公元前190—1949年共计2140年间，安徽旱灾记载年份达593年，平均3.6年发生一次。据1450年（明景泰元年）至1949年500年间的资料统计，安徽境内共发生大、小旱灾957次，其中大旱、特大旱灾70次，平均7年发生一次。

1950—2023年的74年间，安徽大旱平均每5年发生一次，特大干旱平均每10～15年发生一次，年均受灾面积1382万亩，年均成灾面积719万亩。其中，受灾面积最大的年份为1997年，受灾面积5879万亩；成灾面积最大的年份为1994年，成灾面积3929万亩。受灾大于4000万亩的年份有1958、1959、1978、1994、1997、2000年。

在时间尺度上，连年旱、隔年旱、间歇旱均有发生，局部旱灾几乎年年发生。连年旱：1994—1995、2000—2001年连续2年发生旱灾，1977—1979、1990—1992年连续3年发生旱灾。隔年旱：1962、1964年旱灾，1974、1976年旱灾，2009、2011年旱灾。间歇旱：往往间隔5～6年发生下一次旱灾，例如1953年旱灾之后的1958年旱灾，1979年之后的1985年旱灾，2001年旱灾之后的2006年旱灾，2013年旱灾之后的2019年旱灾。总体而言，与洪水灾害相比，安徽旱灾连续发生的可能性大于洪灾，发生频率更高。

8.2　空间分布规律

从各个历史时期旱灾记录分析，江淮丘陵区和淮北平原区一直是安徽旱灾风险相对较高区域，局部丘陵地区在持续干旱高温的情况下存在水源短缺风险。

公元前190—1949年间，安徽各县平均旱灾记载年次为41年。旱灾记载次数最多的县为凤阳县，达121年次，约为全省平均值的3倍；其次为寿县，达94年次。旱灾记载最多的县集中于江淮丘陵区，如凤阳、寿县、合肥、霍邱，以及淮北平原宿州、阜阳等地。这些地区直至今日仍然为安徽旱灾高发区，这说明气候条件和地形地貌是区域旱灾的重要影响因素。1950—1998年，淮北平原发生大旱12次，江淮之间11次，江南7次，旱灾的发生呈北多南少的趋势。2000年后，全省旱灾整体呈减轻趋势，江淮丘陵区旱情相对最为严重。安徽旱灾空间分布特征规律总结如下：

（1）整体来说，安徽北部旱灾重于南部。尤其是淮北平原区，由于各县的耕地面积较大，干旱年份受灾范围广，对农业生产的影响也较大。

（2）江淮丘陵区为安徽旱灾最严重的地区，尤其是定远、凤阳、明光、长丰等地的丘岗地。江淮丘陵区在持续干旱高温的情况下，局部高岗地往往存在水源短缺问题，严重影响农田灌溉。

（3）皖南山区和皖西山区多以水库、塘坝作为灌溉水源，干旱年份水库、塘坝干涸，极易形成旱灾。

（4）沿江平原区旱灾面积总体不大，但受灾时灾情较为严重。

8.3　连旱特征

安徽连旱发生频率较高，是抗旱应重点关注的情景。

1450—1949年的500年间，连续2年发生的全省性干旱共有8次，连续3年发生的干旱共有2次，连续5年以上的干旱共有4次，如1483—1487年池州府5年连旱、1651—1655年和、滁州5年连旱、1529—1533年泗、宿州5年连旱、1527—1534年和、滁州8年连旱。

1950—2023年的74年中发生2～3年的连续特、重干旱共8次，分别是1958—1959、1961—1962、1966—1967、1976—1978、1985—1986、1994—1995、2000—2001、2011—2013年。这些年份一般是连年少雨，重旱年与特旱年先后出现，水库塘坝底水少，旱灾损失严重。有时出现夏秋连续干旱或春夏秋三季连续干旱。

连旱的破坏性严重的一个重要原因在于连旱往往造成蓄水工程底水缺乏。例如，1994—1995年六安市发生连旱，区域内大中小型水库及塘坝底水少是1995年旱情加剧的重要原因之一。2020年淠史杭灌区的旱情也反映了这一特征。由于2019年伏秋冬连季干旱造成灌区水源锐减，大部分小水库和塘坝干涸，直至次年梅雨前久旱无雨，2020年6月，淠史杭灌区出现了局部特大干旱。近年来，淠史杭灌区在编制年度水资源调度方案时，对上游大别山区水库群预留 $1.2\times10^{9}\ m^{3}$ 水资源储备，以保障区域中长期供水安全。

8.4 季节特征

安徽干旱呈现显著季节性特征,夏旱发生频率最高,秋旱次之,春旱最低;两季连旱以秋冬连旱和春夏连旱最为频发。

据1949年前500年旱灾记录统计,夏旱156次、秋旱94次,夏秋连旱84次,春夏秋三季连旱36次,其中江淮丘陵区记载频次最高(16次),江南(8次)和淮北(5次)次之。1949—1999年间全省共发生73次旱灾,夏旱(20次)最多,春旱和秋旱各10次;两季连旱以秋冬连旱为主且影响范围广,淮北平原区受灾最重;三季连旱(春夏秋、夏秋冬)各发生1次(1966年、1979年),全年性干旱仅1978年1次,波及全省。

8.5 旱涝急转特征

旱涝交替和旱涝急转特征突出,淮北平原区出现旱涝急转的概率较高,皖南地区则出现涝旱急转的概率较高。

安徽水旱灾害交错发生,常常出现北旱南涝、旱涝交替和旱涝急转的现象。汛期发生特大洪涝灾情的年份,汛后往往出现少雨干旱的情况。对1450—1949年的500年间水旱灾害记录进行统计,共记载旱灾957次,其中水旱同年记载247次。水旱同年次数最多的州府为凤阳府(60次)、泗、宿州(33次)、颍州府(25次)、庐州府(24次)、安庆府(23次)和池州府(20次)。

目前,旱涝急转、涝旱急转仍然是安徽旱灾的显著特征。笔者在灾地调研中了解到,淮北平原区旱涝急转更为普遍,皖南地区涝旱急转相对较多。2024年,淮北平原区6月份之前部分地区连续无雨日40余天,旱情严重,随后7月淮河发生编号洪水,部分地区遭受涝灾,是典型的旱涝急转;皖南地区新安江流域6月发生洪水,7～8月又面临着高温无雨,属于涝旱急转。

8.6 旱灾破坏深度特征

旱灾对农业生产的破坏深度在全省各地不尽相同,农作物因旱绝收面积占受灾面积的比例平均为10%。沿江平原区的旱灾破坏深度最大,韧性较低;相反,淮北平原区农业面对干旱的韧性较高。

1990—2019 年间，安徽全省旱灾破坏深度为成灾比 64%，绝收比 10%。也就是说，全省多年平均条件下，每 10 亩受灾农田有 6.4 亩成灾，1 亩绝收。不同地区、不同年份下的成灾比和绝收比方差很大。其中淮北平原区旱灾破坏深度低于全省平均水平，江淮丘陵区和沿江平原区旱灾破坏深度高于全省平均水平，皖西山区绝收比高于全省平均水平而成灾比低于全省平均水平，皖南山区破坏深度与全省平均水平相当。旱灾破坏深度在全省呈现显著的空间异质性。

虽然淮北平原旱灾较为频发，但旱灾破坏深度较低，表现出较好的韧性和恢复力。分析原因可能在于：① 淮北平原区农作物具有较好的耐旱性；② 淮北平原区浅层地下水丰富，为农业灌溉提供了重要的水源补给。

沿江平原和江淮丘陵区旱灾破坏深度高于全省平均值，其原因可能是该地区主要农作物为水稻，需水量大，对旱情更为敏感，一旦受旱就容易成灾。另一方面，沿江平原区和江淮丘陵区地处南北气候过渡带，降水年际年内波动剧烈，来水过程与农作物需水过程不匹配的现象较为突出。此外，江淮丘陵区地形复杂，“水低田高”现象普遍，灌溉保障程度相对较低。

第 9 章　旱灾风险区划与防治

本章采用模糊综合评价方法对安徽省典型区域开展旱灾风险区划。在收集安徽各县自然条件、农业产量及历史旱灾灾情资料的基础上，构建了包含耕地面积、粮食产量、历史旱灾严重程度和年均降水量等指标的评价体系，并通过专家打分法设置各指标权重。结合隶属度函数对各指标进行模糊评价，得到安徽 59 个典型县(市)旱灾风险区划等级。在此基础上，对于风险等级偏高的县(市)进行重点分析，识别这些县(市)的制约性指标，并提出相应旱灾防治适应性调控对策，以期为降低安徽省旱灾风险提供科学支撑和决策依据。

9.1　旱灾风险区划的概念与意义

旱灾风险区划是一个综合性的概念，它通过对自然环境、社会经济条件以及水资源状况等多方面因素综合分析，对区域旱灾风险等级进行评价和区划的过程。这一过程不仅需要考虑降水、地形等自然因素，还需要考虑产业结构、旱灾暴露等社会经济因素。例如，降水匮乏且人口密集、农业高度依赖灌溉的地区，可能会被划分为旱灾高风险区；而同样降水匮乏但农业种植面积很小、农业需水量不大的地区，很可能并不属于旱灾高风险区。

旱灾风险区划的意义有以下几方面：

(1) 为防灾减灾提供科学依据。通过对不同区域旱灾风险等级的明确划分，能够使抗旱工作更具针对性。在高风险区域，提前储备抗旱物资、优化灌溉设施、保障居民和农业用水需求等措施得以精准实施；中风险区域则可通过加强水资源调配与管理，提升抗旱能力；低风险区域则侧重于提高公众的抗旱意识与应急能力。这种分级管理模式，能够有效提高抗旱工作的科学性和针对性。

(2) 为区域产业结构调整和可持续发展提供重要参考。高风险区可减少对水资源依赖度高的产业，发展节水农业和节水工业；低风险区则可在适度发展耗水产业的同时，注重生态保护，防止因过度开发而破坏生态环境。

(3) 明确旱灾制约因素，提升科学抗旱、主动抗旱水平。通过旱灾风险区划定量计算，不但能够评价出一个区域的旱灾整体风险水平，而且可以通过归因分析识别其中的薄弱(制约)因素，把对于旱灾风险定性的认识提升到定量层面，对于全面深刻认识区域旱灾及其影响因素、科学有效管理旱灾风险具有重要实践价值。

9.2　安徽旱灾防治研究综述

9.2.1　全省旱灾防治研究

1. 农业旱灾特征研究

汤广民等分别从旱灾的发生频率、时空分布、发生与发展过程及其对粮食产量的影响等方面，分析了安徽农业旱灾的特征和变化趋势，以及粮食生产对干旱的响应规律。结果表明：安徽的旱灾呈现明显周期性波动，轻重灾情交替出现，其波动周期大致为5～10年；严重以上旱灾的发生概率平均约为4年一次，且旱灾在水旱灾害中所占的比例及其对粮食生产的致灾强度呈增长变化趋势；农业干旱灾害具有明显的区域差异性，安徽淮河流域旱灾的年均成灾面积和粮食减产量均占全省的70%左右。粮食减产率与旱灾成灾率二者之间呈现一定的正相关关系。汪志国分析了在20世纪30年代，安徽先后出现的1931年大水灾、1934年大旱灾和1938年大水灾3次大灾害打击下的安徽农业生产所受到的重大影响，包括耕地大面积受灾，农业产量大减以及养殖业严重受损，使安徽农业生产逐步衰退，产量递减。

陈娟分析介绍了安徽全省农业生产区域性特点，以淮河为界，淮北平原区种植业以旱作物为主，淮南地区以水稻为主。干旱灾害在安徽频发，2013年和2015年分别遭受重大旱灾，严重影响农业增效。为应对农业旱灾，提出了因地制宜种植品种的防灾措施，发生干旱时采用节水灌溉方式、抓紧中耕、及时追肥、加强病虫害防治的减灾措施，以及在受灾后采取两段育秧、增施肥料等救治措施。

2. 旱灾时空特征研究

谢五三、田红利用安徽78个气象台站1961—2009年共49年的逐日气温和降水资料，采用综合气象干旱指数计算得到各个台站每年的干旱日数。结果表明安徽常年干旱日数基本呈纬向空间分布特征，干旱频率自北向南递减；沿淮淮北及江淮之间东部地区干旱日数呈减少趋势，其他地区呈增加趋势。

谢五三、田红运用安徽78个代表站1961—2008年逐日气温和降水资料，采用累积频率法对降水距平百分率(Pa)、Z指数、标准化降水指数(SPI)、相对湿润度指数(MI)、综合气象干旱指数(CI)5种干旱指标的阈值进行修正，用修正后干旱指标来分析安徽干旱的年际变化、季节演变及空间分布等特征。结果表明安徽秋旱最多，夏旱次之，冬、春旱相对较少；干旱频率自北向南递减。

郭妹妹等依据安徽109个雨量站1978年逐日降水量数据，综合运用降水量距平百分率法、建立区域旱情指数法以及GIS空间分析技术，采用逐步缩小时间尺度的方式，对安徽

1978 年干旱的时空演变特征进行了分析。结果表明通过修正的降水量距平百分率法,充分考虑了前期降水的累积效应,其分析逐日干旱结果符合实际情况;区域旱情指数法是确定干旱过程起始和终止的有效方法;安徽 1978 年发生春、夏、秋三季连旱,干旱持续 253 d,其中,4 月 4 日—8 月 11 日连续 130 d 全省旱情最重,在 5 月 3 日全省 75%的耕地旱情等级达到重旱以上。

钟小燕等为了解安徽 2022 年旱情情况及特点,分别对淮河以北和淮河以南地区旱情进行分析,选择来水量距平百分率、地下水埋深变化率、降水量距平百分数及土壤相对湿度 4 个指标建立干旱指标评价体系,对淮河以南和淮河以北地区研究区域进行了单指标评价,并使用模糊综合评价法对旱情进行综合评价。评价表明,安徽淮河以北 2022 年春末夏初旱情等级为中度干旱,淮河以南 7 月 11 日出梅后至 10 月初旱情等级为严重干旱。

3. 干旱灾害防治区划研究

李征等从风险管理角度定量评估和区划干旱灾害风险,以县级行政区为区划单元计算农业干旱灾害和因旱人饮困难风险度,并采用等分间距法开展农业干旱和因旱人饮困难风险区划,最后根据最不利原则确定干旱灾害综合风险区划,得出如下结论:

安徽农业干旱灾害高风险区主要集中在淮北平原北部地区和江淮丘陵区;因旱人饮困难高风险区位于皖西、皖南山区;城镇干旱灾害无高风险区;6 个县级行政区干旱灾害综合为高风险区,其中阜南县、明光市、定远县和旌德县综合风险区划为高风险区主要由于农业干旱灾害风险等级为高,皖西山区安庆市岳西县、皖南山区宣城市旌德县、池州市石台县综合风险区划为高风险区主要由于因旱人饮困难风险等级为高;中高风险地区主要为阜阳市临泉县、界首市、太和县,滁州市全椒县,六安市叶集区、霍邱县、金寨县、霍山县,蚌埠市五河县、固镇县,合肥市肥东县、长丰县,马鞍山市博望区,安庆市太湖县,池州市贵池区、东至县,黄山市祁门县、歙县、黟县,宣城市宣州区;其余区域风险等级均为中及以下,其中芜湖市因地处拥有良好水源条件的长江流域且河湖截存水资源能力较强故干旱灾害综合风险较低。

9.2.2 分区域旱灾特征及防治研究

赵亮等针对 2022 年六安市 50 年一遇干旱成因进行分析并总结提出相关对策和建议。2022 年梅雨结束后,六安市遭受了持续高温少雨的天气,导致土壤迅速失墒,进而引发严重干旱。这种极端气候现象是旱灾的主要成因之一,且六安市在水库塘坝的调蓄能力上存在不足,无法有效应对长时间的高温少雨天气,加剧了旱情的严重程度,不完善的灌溉系统无法为农田提供充足的水源,严重影响了农业生产,种植结构的调整也加剧了用水矛盾。针对此次旱情,提出了抗旱对策建议,包括依托科技,强化监测预警,加大水源建设,通过"提引外水、调蓄内水、水系连通、联合调度"等方式,形成完善的供水网络。

针对江淮丘陵区农作物干旱时空变化特征,李宝等利用江淮丘陵区 17 个市、县气象台站 1980—2009 年降水数据,基于改进的无有效降水连续日数干旱评估指标进行分析。结果表明春播夏收型农作物在寿县、长丰、定远、明光一带以北地区易发生春旱;夏播秋收型农作物在寿县、淮南、长丰、定远、凤阳一线多形成夏秋旱，西南和东北地区也较易发生夏秋旱；春播秋收型农作物生长期内大部分地区秋旱多发，其中寿县、肥东东南部和全椒西南部部分为秋旱高发地区；越冬型作物在明光北部、来安北部、淮南西南部以及寿县北部等地多生秋冬春旱，其他地区也易发生秋冬春旱，且持续时间均较长。从年际演变趋势看，夏播秋收型、越冬型农作物干旱范围和强度均略有增长，春播秋收型农作物干旱强度微增长、范围略缩小；春播夏收型农作物干旱强度和范围均呈微减的趋势。总体上，研究区域干旱强度略有上升，且北部高于南部，越冬型作物高于其他类型农作物。

赵宗权、周亮广利用江淮丘陵区气象、遥感和社会经济统计数据，以 14 个行政单位为研究对象从旱灾致灾因子、承灾体、孕灾环境和防灾减灾措施 4 个方面选取了 8 个指标构建旱灾风险评估体系，通过主成分分析和分层构权主成分分析对该区 2000—2010 年旱灾风险等级分布进行了评价。研究表明：2000—2010 年江淮丘陵区旱灾风险等级有降低的趋势；高风险等级主要集中在中部地区，南部地区（来安、滁州、全椒、合肥、肥西、金安、裕安等）风险等级整体上低于北部地区（凤阳、定远、淮南、寿县等）。

陈来宝等分析了淠史杭灌区 2001 年特大干旱旱情及抗旱措施，根据降雨距平法分析，淠河、史河灌区为特旱年。灌溉期在降雨总量严重偏少的情况下，降雨时间分布差，在泡田期和水稻生育需水高峰两个用水高峰时段基本没有降雨，形成了极具破坏性的干旱特征。针对旱情，采取了有效的抗旱措施，包括科学制订供水计划、错峰与干渠轮灌、调整种植结构等。未来需加快灌区续建配套与节水改造步伐，加强 3 种水源工程供水能力建设，建立水资源一体化管理体制，加强内部蓄水控制运用。李绍春等分析指出淠史杭史河灌区的旱灾成因，包括江淮地区干旱少雨，梅山水库来水量少，干渠拦截地面径流能力下降，灌溉用水浪费严重以及作物种植结构与水利工程布局不相适应。针对以上问题提出了相应对策，工程措施包括兴建水库塘坝，拦蓄地面径流；从响洪甸水库调水至史河灌区梅山水库；健全抗旱网络，完善“蓄、引、提”相结合的建设方针；大力推广节水灌溉技术。非工程措施包括调整种植结构，减少水土流失等。

针对近几年安庆市发生的严重干旱，林国义等从雨情、水情以及墒情 3 个方面对 2019 年干旱进行分析，总体干旱程度较 1978 年轻，较 1994 年、2001 年重，且主要为秋旱，为 1978 年以来最严重干旱，造成 95.8 万亩农作物不能正常开展秋种，对当地造成了重大损失。安庆市在抗旱救灾过程中也采取了一系列的有效措施，包括及时科学调度沿江涵闸，汛期共多保水 5.09×10^{8} m^{3}；各大中型水库为生产生活用水提供了保障，蓄水最多时总蓄水量达 1.164×10^{9} m^{3}，比常年同期多 48.1%；发挥灌区工程供水骨干作用，在夏秋作物生长需水期，调度花凉亭灌区向太湖、宿松、望江、怀宁等地灌溉供水 3.82×10^{8} m^{3}，确保农业生产和居民饮水安全。同时安庆市也反思了抗旱救灾过程中存在的问题和短板，如水资源利用不科学、抗旱基础设施不足等问题，为今后的抗旱工作提供了宝贵的经验。

2022 年，安庆市发生严重的水文、气象干旱，总体旱情超 50 年一遇，林国义等全面分析了旱情和灾情影响，安庆市因旱直接经济损失 3.7 亿元，农作物受灾面积为 78.9 万亩，成灾面积为 28.35 万亩，绝收面积为 1.65 万亩，因旱造成饮水困难人口为 694 人。为应对旱情，安庆市超前精准部署，落实响应行动，就蓄水保水、水源调配、工程措施、“一县一策”等进行具体部署;科学蓄水保水,充分利用气候预测先导作用,汛前组织对毛尖山重点中型水库汛限水位进行调整,抬高 1.5 m,多蓄水 2.64×10^6 m^3,调度枞阳闸开闸引江济湖,共引江水 2.8×10^7 m^3,沿江四大湖泊共多蓄水保水 1.56×10^9 m^3,为抗旱留足水源储备;精细调配水源,保障用水需求,调度花凉亭大型灌区及时优化调整灌溉供水用水方案,实现全灌区、全覆盖、无死角供水保障,此外,安庆市还加强了对农村饮水工程的管理,通过多种措施,解决了因旱导致的农村人口饮水困难问题。

范吉鹏针对 2022 年黄山市夏秋冬连旱情况进行了分析,指出黄山市的干旱主要是在全球气候变暖背景下,受持续"拉尼娜事件"影响等极端天气下的自然因素导致的。针对黄山旱情的特点,提出如下建议:一是完善旱情监测预报预警。加强雨水墒情信息的监测,优化升级旱情监测方法和分析测报能力。关注重点易旱区域的旱情发展,全方位了解旱情,及时发布预警信息。准确掌握各类水利工程布局参数等是水文干旱预警的必要条件,要以数字孪生为技术支撑,加快"四预"能力建设,推进天空地一体化监测,构建雨水情监测"三道防线",延长雨水情预见期、深入评估中长期旱情分析预报。二是充分发挥水利工程的作用。利用丰水期水源条件相对较好把水留住,加上有效的水资源调度和有力的应急措施,尽可能将干旱影响降至最低。

9.3 基于模糊综合法的区域旱灾风险区划

模糊综合评价法(fuzzy comprehensive evaluation, FCE)是一种基于模糊数学理论的决策分析方法,广泛应用于复杂系统评价中。该方法通过将模糊性与定量化相结合,有效解决多指标、多等级评价问题中的不确定性问题。其核心思想是将指标的实测值转化为模糊语言变量,通过隶属度函数量化指标对评价等级的归属程度,并结合权重分配,实现从单一指标到综合等级的映射。与传统评价方法相比,模糊综合评价法能够有效处理区域旱灾风险区划中模糊性、渐变性以及主观判断的局限性,尤其适用于复杂系统的多维度分析。模糊综合评价法的区域旱灾风险区划过程主要包括以下几个步骤:

1. 确定评价指标,划分单指标评价等级

首先,根据研究目标和实际需求,选择具有代表性和关键性的评价指标。这些指标应能够全面反映评价对象的特征和状态。随后,针对每个指标,划分若干评价等级,明确各等级的定义和范围。

2. 确定各指标权重,建立权重集

权重的确定是模糊综合评价的关键环节,直接影响评价结果的准确性和可靠性。权重的分配通常基于专家经验、数据分析或两者的结合。常见的方法包括专家打分法、层次分析法(AHP)等。通过合理分配权重,确保每个指标在综合评价中发挥其应有的作用。

3. 根据隶属度函数进行单指标模糊评价

隶属度函数是模糊数学的核心工具，用于量化指标值对不同评价等级的归属程度。通过定义合理的隶属度函数，将每个指标的实测值转化为隶属度值，从而实现从定量数据到模糊语言变量的转化。

4. 建立评价模型，进行综合评价

将各指标的隶属度值与相应的权重相结合，构建综合评价模型。通过模型计算，得到评价对象在各个等级上的综合隶属度值，最终确定其综合评价等级。

9.3.1　评价指标体系的构建

在区域旱灾风险区划中，评价体系的科学性与系统性是确保评估结果可靠的关键。在指标选取时遵循科学性、系统性、可操作性原则，选取覆盖面宽、有代表性、可获得性和能够反映项目情况的数据。本研究基于旱灾成因的复杂性及多维影响特征，选取耕地面积、粮食产量、历史旱灾严重程度和年均降水量4个核心指标，构建区域旱灾风险区划指标体系。各指标的含义及来源说明如下：

1. 耕地面积(U_1)

耕地面积是区域农业生产的基础资源，直接影响干旱对粮食安全的威胁程度。耕地面积越大，干旱可能造成的经济损失和社会影响越显著，旱灾风险越高。本研究采用区域耕地总面积作为评价指标，数据来源于安徽省统计年鉴。

2. 年均粮食产量(U_2)

年均粮食产量是衡量区域农业生产能力的重要指标，直接反映干旱对粮食供给的影响。粮食产量越高，干旱对区域经济和社会稳定的潜在威胁越大，旱灾风险越高。数据来源于安徽省统计年鉴。

3. 历史旱灾严重程度(U_3)

历史旱灾严重程度反映了某地区历史上旱灾发生的严重性，能够直观判断一个地区的易旱程度，且具有较强的综合性。受灾面积越大，表明该区域历史旱灾越严重，旱灾风险越高。本章以各地区1990—2019年旱灾平均受灾面积作为历史旱灾严重程度数据。

4. 年均降水量(U_4)

年均降水量是表征区域气候特征的关键气象指标，反映区域水资源的长期供给能力。降水量越高，区域干旱风险越低。本章该指标以各县(市)2000—2023年多年平均降水量取值。

以59个县(市)为典型区域，各县(市)指标数据如表9.1所示。

表 9.1　各典型区域指标数据

行政区	耕地面积(万亩)	年均粮食产量(万吨)	历史旱灾严重程度(万亩)	年均降水量(mm)
绩溪县	15	3.73	4.63	1575
休宁县	23	7.40	4.76	1723
黟县	9	2.95	2.81	1680
石台县	6	1.53	2.98	1634
祁门县	13	3.21	2.32	1667
当涂县	43	31.11	12.93	1164
歙县	18	7.39	10.97	1620
东至县	78	28.12	19.05	1560
广德市	50	23.32	11.27	1254
含山县	61	25.85	13.07	1144
潜山市	58	21.20	14.22	1486
旌德县	20	5.33	3.81	1537
桐城市	74	31.46	15.81	1444
泾县	40	11.87	8.37	1441
怀宁县	77	32.76	17.45	1461
霍山县	29	11.08	8.51	1407
太湖县	60	21.63	9.85	1486
岳西县	28	8.27	5.70	1534
砀山县	47	31.38	23.77	744
青阳县	32	10.70	7.01	1479
郎溪县	50	27.41	10.21	1217
来安县	106	46.71	18.42	983
和县	90	38.72	14.17	1120
无为市	132	54.86	32.01	1270
舒城县	80	36.51	18.78	1358
宿松县	119	40.70	13.87	1451
巢湖市	104	39.62	24.62	1152
望江县	93	30.37	19.98	1479
全椒县	103	42.75	19.34	1044
南陵县	71	35.72	10.29	1322

续表

行政区	耕地面积(万亩)	年均粮食产量(万吨)	历史旱灾严重程度(万亩)	年均降水量(mm)
宁国市	21	6.71	6.43	1400
凤台县	94	61.18	15.10	886
天长市	139	85.20	21.59	967
庐江县	161	74.56	28.15	1325
萧县	158	77.88	32.63	740
凤阳县	154	83.96	35.83	889
寿县	292	175.34	66.08	997
怀远县	219	125.29	49.68	835
五河县	134	64.14	26.44	830
霍邱县	298	177.16	71.09	1023
泗县	192	93.93	42.92	797
定远县	273	118.04	67.96	947
灵璧县	225	108.93	53.36	761
颍上县	183	99.72	36.13	919
太和县	187	99.59	56.53	851
蒙城县	224	156.17	62.81	819
涡阳县	233	128.34	75.82	812
临泉县	181	105.94	65.74	921
界首市	60	40.06	17.28	869
金寨县	57	14.01	23.61	1344
枞阳县	76	43.02	18.61	1434
肥西县	101	43.04	32.73	1181
固镇县	143	63.55	23.99	796
长丰县	158	65.41	48.61	1001
肥东县	157	63.49	51.81	1058
明光市	165	68.23	40.86	901
阜南县	166	88.62	55.85	957
濉溪县	207	125.22	52.57	770
利辛县	209	138.05	76.06	844

9.3.2 单指标等级划分及权重设置

单指标等级划分是通过设定不同阈值区间，将某一关键指标的连续数据映射为离散的等级类别，以直观反映现象的程度差异。基于安徽各县级区域的农业生态特征及旱灾影响规律，结合典型区域指标数值分布确定阈值，耕地面积、年均粮食产量、历史旱灾严重程度和年均降水量4个指标各划分为4个等级：低风险（Ⅰ级）、中风险（Ⅱ级）、中高风险（Ⅲ级）、高风险（Ⅳ级）。各指标等级阈值如表9.2所示。

表9.2 旱灾指标等级划分范围

旱灾风险等级	Ⅰ级	Ⅱ级	Ⅲ级	Ⅳ级
耕地面积（万亩）	[0,120)	[120,180)	[180,230)	≥230
年均粮食产量（万吨）	[0,50)	[50,90)	[90,130)	≥130
历史旱灾严重程度（万亩）	[2,10)	[10,50)	[50,65)	≥65
年均降水量(mm)	(1300,1800]	(1000,1300]	(800,1000]	≤800

表9.2中使用各个指标的各等级对应阈值表示指标等级划分的范围，各个指标的各等级对应阈值如表9.3所示。

表9.3 旱灾指标等级阈值

旱灾风险等级	Ⅰ级	Ⅱ级	Ⅲ级	Ⅳ级
耕地面积（万亩）	0	120	180	230
年均粮食产量（万吨）	0	50	90	130
历史旱灾严重程度（万亩）	2	10	50	65
年均降水量(mm)	1800	1300	1000	800

将表9.3整理为指标体系分级阈值矩阵，以

$$\boldsymbol{B}=\begin{pmatrix} v_{11} & v_{12} & v_{13} & v_{14} \\ v_{21} & v_{22} & v_{23} & v_{24} \\ v_{31} & v_{32} & v_{33} & v_{34} \\ v_{41} & v_{42} & v_{43} & v_{44} \end{pmatrix}=\begin{pmatrix} 0 & 120 & 180 & 230 \\ 0 & 50 & 90 & 130 \\ 2 & 10 & 50 & 65 \\ 1800 & 1300 & 1000 & 800 \end{pmatrix}$$

表示。

用若干个指标进行综合评价时，各指标对评价目标所起的作用并不是同等重要的。为了体现各个评价指标在评价体系中的作用地位及重要程度，在指标体系确定后，必须对各指标赋予不同权重系数。本章采用专家评议法，将各个指标的权重确定为：耕地面积0.25、粮食产量0.15、历史旱灾严重程度0.30、年均降水量0.30。由此，得到模糊权重向量$\boldsymbol{A}=(0.25,0.15,0.30,0.30)$。

9.3.3　基于隶属度函数的单指标模糊评价

单独从一个指标出发进行评价，以确定评价对象对各个评价等级的隶属度，称为单指标模糊评价。单指标模糊评价是进行综合评价的关键，所谓"模糊性"，主要是指客观事物中间过渡中的"不分明性"。例如，"低风险"与"中风险"是有本质区别的两个概念，但是它们的区别是逐渐的，而不是突变的，两者之间并不存在显著的界限。因此，评价实际问题的本质是确定被评价对象对于两个不存在显著界限的等级的隶属度。计算隶属度需要选取合适的隶属度函数，得到隶属度的取值范围为[0,1]。

1. 正向指标的隶属度函数

指标的正向性是指指标值越大，其对于旱灾风险的贡献程度越高。如耕地面积，粮食产量，历史旱灾严重程度均为正向指标。

对于正向指标，当指标x_i的值大于v_{i4}时，则该指标对于Ⅳ级的隶属度为1，其他等级隶属度为0：

$$r_{i1} = r_{i2} = r_{i3} = 0, \quad r_{i4} = 1 \tag{9.1}$$

其中，x_i为第i个指标的实测值，r_{ij}为评价对象对于第i个指标第j级旱灾风险等级的隶属度。

当指标x_i的值小于v_{i1}时，则该指标对于Ⅰ级的隶属度为1，其他级隶属度为0：

$$r_{i2} = r_{i3} = r_{i4} = 0, \quad r_{i1} = 1 \tag{9.2}$$

当指标x_i的值介于v_{ij}与v_{ij+1}之间时，则该指标对于j级的隶属度为

$$r_{ij} = 1 - \frac{x_i - v_{ij+1}}{v_{ij+1} - v_{ij}}, \quad j = 1,2,3 \tag{9.3}$$

$j+1$级的隶属度为

$$r_{ij+1} = \frac{x_i - v_{ij+1}}{v_{ij+1} - v_{ij}}, \quad j = 1,2,3 \tag{9.4}$$

其他等级的隶属度为0。

2. 逆向指标的隶属度函数

指标的逆向性是指指标值越大，其中对于旱灾风险的贡献程度越低。年均降水量就是逆向指标。

当指标x_i的值小于v_{i4}时，则该指标对于Ⅳ级的隶属度为1，其他级隶属度为0：

$$r_{i1} = r_{i2} = r_{i3} = 0, \quad r_{i4} = 1 \tag{9.5}$$

当指标x_i的值大于v_{i1}时，则该指标对于Ⅰ级的隶属度为1，其他级隶属度为0：

$$r_{i2} = r_{i3} = r_{i4} = 0, \quad r_{i1} = 1 \tag{9.6}$$

当指标x_i的值介于v_{ij}与v_{ij+1}之间时，则该指标对于j级的隶属度为

$$r_{ij} = 1 - \frac{x_i - v_{ij+1}}{v_{ij+1} - v_{ij}}, \quad j = 1,2,3 \tag{9.7}$$

$j+1$ 级的隶属度为

$$r_{ij+1}=\frac{x_i-v_{ij+1}}{v_{ij+1}-v_{ij}},\quad j=1,2,3 \tag{9.8}$$

其他等级的隶属度为 0。

利用式(9.1)～式(9.8)隶属度函数对 59 个评价对象逐个进行单指标评价，即计算出安徽的各个县的 4 个指标对各个等级的隶属度，即可得到各县的隶属度矩阵：

$$\boldsymbol{R}=\begin{pmatrix} r_{11} & r_{12} & r_{13} & r_{14}\\ r_{21} & r_{22} & r_{23} & r_{24}\\ r_{31} & r_{32} & r_{33} & r_{34}\\ r_{41} & r_{42} & r_{43} & r_{44}\end{pmatrix} \tag{9.9}$$

以黄山市休宁县为例，求得该县指标体系的隶属度矩阵为

$$\boldsymbol{R}=\begin{pmatrix} 0.81 & 0.19 & 0.00 & 0.00\\ 0.85 & 0.15 & 0.00 & 0.00\\ 0.66 & 0.35 & 0.00 & 0.00\\ 0.85 & 0.15 & 0.00 & 0.00\end{pmatrix} \tag{9.10}$$

由式(9.10)可知，休宁县粮食耕地面积指标界于低风险和中风险之间，对低风险等级的隶属度为 0.66，对中风险等级隶属度为 0.35；粮食产量指标界于低风险和中风险之间，对低风险等级隶属度为 0.85，对中风险等级隶属度为 0.15；历史旱灾严重程度指标界于低风险和中风险之间，对低风险等级隶属度为 0.66，对中风险等级隶属度为 0.35；年均降水量指标界于低风险和中风险之间，对低风险等级隶属度为 0.85，对中风险等级隶属度为 0.15。

9.3.4 区域旱灾风险模糊综合评价

将隶属度矩阵 $\boldsymbol{R}$ 与模糊权重向量 $\boldsymbol{A}$ 进行模糊运算，得到模糊综合评价结果。这里选取普通矩阵乘法模糊运算方法，将旱灾等级划分为 4 个等级：

$$\boldsymbol{R}'=\boldsymbol{AR}=(r'_1\quad r'_2\quad r'_3\quad r'_4) \tag{9.11}$$

其中 r'_i 表示被评价对象对于 i 等级的隶属度。

以休宁县为例，综合评价得到评价结果为

$$\begin{aligned}\boldsymbol{R}'&=(0.25\quad 0.15\quad 0.30\quad 0.30)\begin{pmatrix} 0.81 & 0.19 & 0.00 & 0.00\\ 0.85 & 0.15 & 0.00 & 0.00\\ 0.66 & 0.35 & 0.00 & 0.00\\ 0.85 & 0.15 & 0.00 & 0.00\end{pmatrix}\\ &=(0.78\quad 0.22\quad 0.00\quad 0.00)\end{aligned} \tag{9.12}$$

由式(9.12)可见，休宁县旱灾风险等级为Ⅰ级的隶属度为 0.78，Ⅱ级的隶属度为 0.22，Ⅲ级的隶属度和Ⅳ级的隶属度均为 0。根据最大隶属度原则，选择隶属度最大等级作为休宁县旱灾风险综合评价等级，即休宁县的区域旱灾风险综合评价结果为Ⅰ级。

对 59 个县(市)依次进行旱灾风险等级综合评价，得到评价结果如表 9.4 所示。

表9.4　安徽省区域旱灾风险区划结果

等　级	县　　　　(市)
低风险(Ⅰ级) (10个)	黄山市:休宁县、黟县、祁门县、歙县 宣城市:绩溪县、旌德县、宁国市 池州市:青阳县、石台县 安庆市:岳西县
中风险(Ⅱ级) (29个)	马鞍山市:当涂县、和县、含山县 安庆市:潜山市、桐城市、怀宁县、太湖县、宿松县、望江县 宿州市:砀山县 六安市:霍山县、舒城县、金寨县 池州市:东至县 宣城市:广德市、泾县、郎溪县 合肥市:巢湖市、肥西县、庐江县 淮南市:凤台县 芜湖市:南陵县、无为市 滁州市:来安县、全椒县 阜阳市:界首市 铜陵市:枞阳县 蚌埠市:固镇县、五河县
中高风险(Ⅲ级) (11个)	合肥市:长丰县、肥东县 宿州市:泗县、萧县 阜阳市:颍上县、太和县、临泉县、阜南县 滁州市:凤阳县、天长市、明光市
高风险(Ⅳ级) (9个)	滁州市:定远县 淮南市:寿县 蚌埠市:怀远县 六安市:霍邱县 淮北市:濉溪县 宿州市:灵璧县 亳州市:蒙城县、涡阳县、利辛县

9.4　旱灾风险区划结果分析

旱灾风险等级与地形、降水分布及农业依赖性密切相关,下面将评价结果与区域特征结合进行具体分析。

安徽农业用地划分为5个区：淮北平原区、江淮丘陵区、皖西山区、沿江平原区和皖南山区，各区所辖市县如表9.5所示。

表9.5　安徽省农用地区划表

分　　区	所　辖　市　县　名　称
淮北平原区	埇桥区、砀山县、灵璧县、泗县、萧县、淮北市、濉溪县、谯城区、蒙城县、利辛县、阜阳市、颍上县南部、临泉县、阜南县大部、颍上县北部、涡阳县、太和县、界首市、蚌埠市北郊、固镇县、五河县大部、凤台县大部、淮南市郊区西北、怀远县大部
江淮丘陵区	怀远县东南、五河县南部、凤台县南部、淮南市郊区大部、南谯区、来安县、全椒县、天长市、定远县、凤阳县、明光市、长丰县、肥东县、肥西县、霍邱县、寿县、金安区东北
皖西山区	六安市西部、金寨县、霍山县、舒城县北部、庐江县北部、岳西县、太湖县北部、潜山市北部、桐城市北部、宿松县北部、舒城县北部、裕安区
沿江平原区	六安市南部、舒城县南部、庐江县南部、居巢区、和县、含山县、无为市、当涂县、繁昌区、湾沚区、南陵县大部、宿松县大部、太湖县南部、潜山市南部、怀宁县南部、桐城市南部、枞阳县、望江县、郎溪县东北、贵池区北部、东至县北部
皖南山区	贵池区南部、东至县南部、南陵县南部、郎溪县西南、宣州区、宁国市、泾县、广德市、旌德县、绩溪县、青阳县、石台县、歙县、祁门县、黄山区、黟县、休宁县

将本章旱灾风险区划成果按照所属分区进行整理，如表9.6所示。

表9.6　安徽省典型区域旱灾风险区划

等　　级	县　　　　　　（市）
低风险（Ⅰ级） （10个）	皖南山区：休宁县、黟县、祁门县、歙县、绩溪县、石台县、青阳县、旌德县、宁国市 皖西山区：岳西县
中风险（Ⅱ级） （29个）	淮北平原区：砀山县、凤台县、固镇县、界首市、五河县 江淮丘陵区：来安县、全椒县、肥西县 皖西山区：金寨县、霍山县、舒城县、岳西县、太湖县、潜山市、桐城市、庐江县 沿江平原区：和县、当涂县、南陵县、宿松县、望江县、郎溪县、怀宁县、无为市、枞阳县、含山县 皖南山区：东至县、泾县、广德县
中高风险（Ⅲ级） （11个）	淮北平原区：泗县、颍上县、临泉县、太和县、阜南县、萧县 江淮丘陵区：天长市、明光市、长丰县、肥东县、凤阳县
高风险（Ⅳ级） （9个）	淮北平原区：灵璧县、蒙城县、涡阳县、利辛县、怀远县、濉溪县 江淮丘陵区：定远县、寿县、霍邱县

由表 9.6 可见，在 59 个典型区域中，低风险（Ⅰ级）占 10 个县（市），占比为 16.95%；中风险（Ⅱ级）占 29 个县域，占比 49.15%；中高风险（Ⅲ级）占 11 个县域，占比 18.65%；高风险（Ⅳ级）占 9 个县域，占比 15.25%。低风险（Ⅰ级）县（市）中皖南山区占比 90%，皖西山区占比 10%；中风险（Ⅱ级）县（市）中沿江平原区占比 34.49%，淮北平原区占比 17.24%，皖西山区占比 27.59%，皖南山区占比 10.34%，江淮丘陵区占比 10.34%；中高风险（Ⅲ级）县（市）中淮北平原区占比 54.55%，江淮丘陵区占比 45.45%；高风险（Ⅳ级）县（市）中江淮丘陵区占比66.67%，淮北平原区占比 33.33%。可见，皖南山区整体旱灾风险等级较低，风险较高区域集中于江淮丘陵区和淮北平原区。

进一步对各区旱灾风险等级县（市）进行分析：

(1) 淮北平原区 17 个县（市）中，5 个属于中风险等级，6 个属于中高风险等级，6 个属于高风险等级。可见，淮北平原区旱灾风险等级在中风险、中高风险、高风险中均有分布，高风险等级最多。中高风险的县（市）有泗县、颍上县、临泉县、太和县、阜南县、萧县，高风险的县（市）有灵璧县、蒙城县、涡阳县、利辛县、怀远县、濉溪县。

(2) 江淮丘陵区 11 个县（市）中，3 个属于中风险等级，5 个属于中高风险等级，3 个属于高风险等级。可见，江淮丘陵区旱灾风险等级在中风险、中高风险、高风险中均有分布，并且分布较为均匀。中高风险的县（市）有天长市、明光市、长丰县、肥东县、凤阳县，高风险的县（市）有定远县、寿县、霍邱县。

(3) 皖西山区 9 个县（市）中，1 个属于低风险等级，8 个属于中风险等级。可见，皖西山区干旱等级以中风险为主，整体旱灾风险等级较低。

(4) 沿江平原区 10 个县（市）全部属于中风险等级，整体旱灾风险等级较低。

(5) 皖南山区 12 个县（市）中，9 个属于低风险旱等级，3 个属于中风险等级，整体旱灾风险等级较低。

9.5　典型地区旱灾风险归因分析

为对旱灾风险等级较高的县（市）进行旱灾风险归因分析，将安徽省区域旱灾风险区划结果可视化，绘制以耕地面积（U_1）、平均粮食产量（U_2）、历史旱灾严重程度（U_3）及年均降水量（U_4）为变量的雷达图，每个变量对应的数据是该指标最大隶属度所对应的等级（1～4级）。等级越高，则说明该县（市）的该指标旱灾风险越大。通过分析雷达图各指标的等级，能够识别目标县（市）旱灾风险的主要影响因素，并支撑区域科学抗旱。

9.5.1　中高风险区域旱灾风险归因分析

以 11 个中高风险（Ⅲ级）县（市）为例，各县（市）指标体系雷达图如图 9.1 所示。

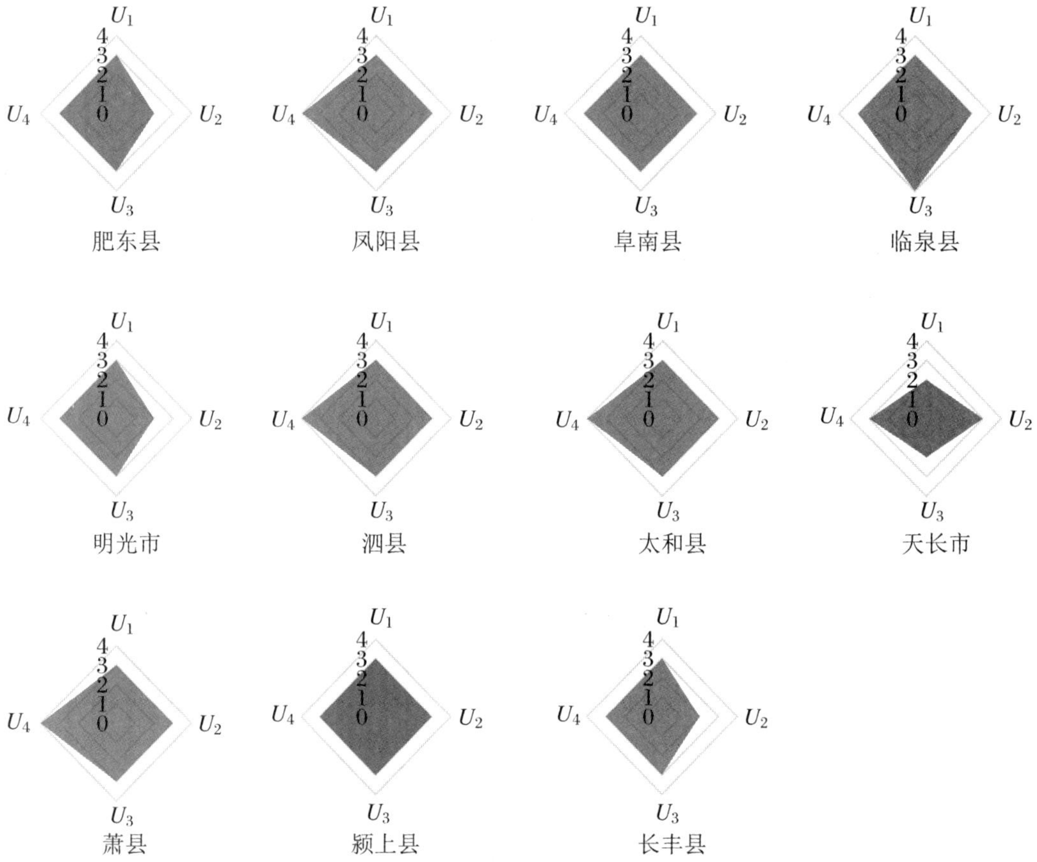

图 9.1　中高风险县(市)指标体系雷达图

由图 9.1 可见:

(1) 颍上县、阜南县均属于淮北平原区,4 个指标均为Ⅲ级,因此,耕地面积较大、粮食产量较高、历史旱灾情况较严重且年均降水量不足均是这些县旱灾风险高的原因。

(2) 萧县、泗县和太和县均属于淮北平原区,凤阳县属于江淮丘陵区。耕地面积、年均粮食产量、历史旱灾严重程度均为Ⅲ级,年均降水量为Ⅳ级。因此,降水严重不足是该县(市)旱灾风险高的主要原因。

(3) 肥东县、长丰县和明光市均属于江淮丘陵区,年均降水量、耕地面积与历史旱灾严重程度均为Ⅲ级,年均粮食产量为Ⅱ级。这些县(市)虽年均粮食产量并不太大,但耕地面积较大、历史旱灾较严重,年降水量不足,导致旱灾风险较高。

(4) 临泉县属于淮北平原区,年均降水量、耕地面积与年均粮食产量均为Ⅲ级,历史旱灾情况为Ⅳ级。因此,历史旱灾严重是该县旱灾风险高的主要原因。

(5) 天长市属于江淮丘陵区,年均粮食产量与年均降水量均为Ⅲ级,耕地面积与历史旱灾严重程度为Ⅱ级。因此,年均粮食产量较高,年降水量不足是天长市旱灾风险高的主要原因。

9.5.2　高风险区域旱灾风险归因分析

以 9 个高风险(Ⅳ级)县(市)为例,各县(市)指标体系雷达图如图 9.2 所示。

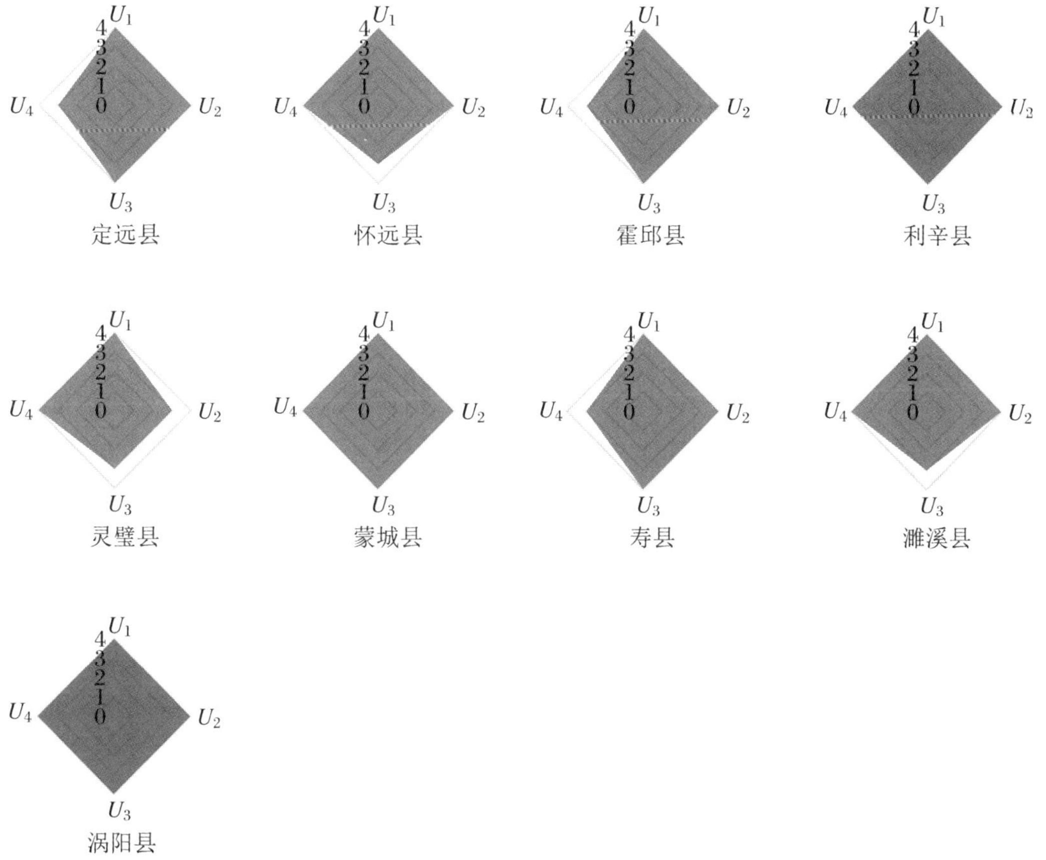

图 9.2　高风险县(市)指标体系雷达图

由图 9.2 可见:

(1) 怀远县、蒙城县、涡阳县、濉溪县和利辛县均属于淮北平原区且情况相似,耕地面积、年均粮食产量与年均降水量均为Ⅳ级。但历史旱灾严重程度不同,蒙城县、涡阳县和利辛县历史旱灾严重程度为Ⅳ级,怀远县、濉溪县历史旱灾严重程度为Ⅲ级。尽管各县历史灾情有所不同,但耕地面积大、年均粮食产量高且年均降水量严重不足均是这 5 个县旱灾风险高的原因。

(2) 霍邱县、寿县和定远县同属于江淮丘陵区,耕地面积、年均粮食产量与历史旱灾严重程度均为Ⅳ级,年均降水量为Ⅲ级。总体来说,三县的各指标也均较为严重。

(3) 灵璧县属于淮北平原区,耕地面积与年均降水量均为Ⅳ级,年均粮食产量与历史旱灾严重程度均为Ⅲ级。因此,耕地面积大、降水量严重不足是该县(市)旱灾风险高的主要原因,粮食产量和历史旱灾严重程度是次要原因。

9.5.3 旱灾防治对策

对20个中高风险和高风险县(市)的制约性因素进行统计,得到各县(市)旱灾风险的制约因素(制约因素以单指标评级为Ⅳ级为标准),结果如表9.7所示。

表9.7 中高风险及高风险县(市)制约因素汇总

制约因素	相应县(市)
耕地面积 U_1	淮北平原区:灵璧县、蒙城县、涡阳县、利辛县、怀远县、濉溪县 江淮丘陵区:定远县、寿县、霍邱县
年均粮食产量 U_2	淮北平原区:蒙城县、涡阳县、利辛县、怀远县、濉溪县 江淮丘陵区:定远县、寿县、霍邱县
历史旱灾严重程度 U_3	淮北平原区:蒙城县、涡阳县、濉溪县、临泉县 江淮丘陵区:定远县、寿县、霍邱县
年均降水量 U_4	淮北平原区:泗县、太和县、萧县、灵璧县、蒙城县、涡阳县、利辛县、怀远县、濉溪县 江淮丘陵区:凤阳县

由表9.7可见,9个县(市)受耕地面积因素制约,其中淮北平原区占6个,江淮丘陵区占3个;8个县(市)受粮食产量因素制约,其中淮北平原区占5个,江淮丘陵区占3个;7个县受历史旱灾严重程度制约;10个县(市)受年均降水量制约,其中淮北平原区占9个,江淮丘陵区占1个。

分析表9.7得出,淮北平原区大部分县市降水量偏低,耕地面积较大,受旱几率较高,一旦发生干旱,对粮食产量的影响尤为显著。因此,淮北平原区今后应加强水资源工程建设和管理,通过完善水利设施提高水资源利用效率,确保干旱季节的水源供应。随着引江济淮、淮水北调等调水工程的建设,供水保障程度得到大大提高。同时,推广节水农业技术,如滴灌、喷灌等,减少水资源浪费,并因地制宜调整种植结构,以降低旱灾对粮食生产的影响。此外,为应对降水量不足导致的水文干旱,建议加强气象监测和预警系统的建设,及时发布干旱预警信息。

江淮丘陵区虽然降水量相对充足,但耕地面积、粮食产量和历史旱灾严重程度等指标风险较高,导致定远、霍邱、寿县等地成为旱灾高风险地区。针对这一问题,江淮丘陵区应通过土地整理和改良提高土壤保水能力,减少水土流失。同时,加强灌区现代化建设,推广高产、耐旱的作物品种,提高粮食生产的稳定性。加强灾害风险管理,建立旱灾风险评估和应对机制,制定应急预案,提升区域抗旱能力。

第10章　结论与展望

10.1　结　　论

本书系统梳理了安徽省自公元前190—2023年2000余年的旱灾历史，基于大量史料记载、前人研究、学术文献、统计数据，通过收集、整理、甄别和对比，深入分析了安徽不同历史时期的旱灾发生规律。从旱灾频率、时空分布、连旱特征、旱涝急转、破坏程度等多个维度，归纳总结了现阶段安徽省旱灾的特征，并开展了基于多指标综合评价的区域旱灾风险区划研究。主要研究成果如下：

(1) 安徽历史旱灾发生频繁，影响时间长，波及面积广，对农业生产和人民生活造成了严重影响。全省平均每5年发生一次大旱，每10～15年发生一次特大干旱，旱灾多发生在夏季和夏秋季节，其中夏季旱灾发生频率最高。在空间尺度上，江淮分水岭和皖北部分地区是安徽旱情最严重地区。

(2) 1950—2023年，安徽共发生大规模连旱8次，对农业生产和生活用水带来了严重影响，区域底水少是连旱破坏性的重要因素。2000年以后，安徽旱灾的严重性总体上呈现减轻趋势，这与水利工程的完善和抗旱能力的提升有关。全省旱涝交替和旱涝急转特征突出，受台风和降雨带路径影响，皖北地区旱涝急转较为普遍，而皖南地区涝旱急转更为普遍。

(3) 全省农作物因旱成灾面积占受灾面积的平均比例为64%，绝收面积占比为10%。其中，江淮分水岭和沿江平原区旱灾绝收比例最高，达12%～15%，皖北平原区绝收比例最低，为7%。这一差异与区域浅层地下水条件、种植结构及农作物对旱情的敏感程度密切相关。

(4) 基于年均降水量、年均粮食产量、耕地面积和历史旱灾严重程度4个指标，采用模糊综合评价法对全省59个县(市)进行了旱灾风险区划研究。结果显示，高风险和中高风险县(市)集中于江淮丘陵区和皖北平原区。

本书的研究成果为系统认识安徽旱灾历史与特征规律提供了基础资料，也为旱灾防治区划提供了参考依据。然而，由于研究水平、时间限制及史料保存的局限性，部分内容可能存在疏漏。恳请各位专家、学者和读者提出宝贵意见，以进一步完善研究成果。

10.2 展　望

旱灾的发生发展与气候降水、地形地貌、种植结构、抗灾手段等多种因素有关，安徽旱灾既有着千百年来形成的稳定格局，又随气候变化和经济社会的发展而呈现出新形势和新动态。近年来，随着安徽省高标准农田建设、种植模式和农作物品种的不断丰富、种植主体的变化，农业需水量更大、需水过程要求更加复杂，给农业旱情及抗旱工作带来了新的挑战：

（1）土地利用和种植方式的变化。随着高标准农田的大规模建设，农业对灌溉供水保障的要求越来越高。部分地区在高岗地发展水稻种植，一定程度上加重了用水的紧张形势。自然资源部门在部分新增耕地考核中明确了“旱改水”规模，因此“旱改水”面积逐年增加，也显著增加农业用水量。此外，“稻虾共养”等新兴种植养殖方式也增加了需水量：与传统水稻种植方式不同，稻虾共养没有传统水稻种植的烤田环节、需要稻田始终保持较深蓄水，并且虾的生长环境对水质要求较高，需要多次换水，这些特殊的用水方式都导致农业需水过程与传统过程发生了较大区别，农业需水量增加。

（2）农作物品种多样化。近年来，农作物品种不断更新丰富，需水过程多样化，导致灌溉轮次增加，供水周期延长。农作物品种的多样化给种植结构调整增加了弹性，例如春季预报当年来水少于预期时，能够在六月之前调整种植结构、改种旱作物，从而减少需水量，降低旱灾损失。但是，农作物品种的多样化也伴随着需水过程的多样化，当多种农作物需水过程叠加时，需水过程复杂性大大提高。例如，近年来淠史杭灌区及江淮丘陵区不少地方水稻旱直播面积增加较大，改变了灌溉需水过程。与以往栽种期和保收期集中大水灌溉的供水模式不同，多样化的种植结构对渠道水的需求是“细水长流”，这对供水保障提出了更高要求，且加大了用水沿程蒸发渗漏等损耗，尤其在夏季保收期，受水草阻水因素的影响，大型灌区尾部的灌溉供水效率有所降低。

（3）不同主体对待抗旱的态度也有所不同。总体来说，承包土地流转的大户在抗旱积极性、技术手段和资金投入方面明显高于普通农户。由于普通农户种植收益低，遇到干旱时，农民抗旱积极性不高，不愿意付出成本主动抗旱，而在供水不紧张的时期，节水意识和积极性均较低。这反映了在水资源相对丰沛的安徽省，农业节水意识和手段仍需加强。未来应通过完善用水计量、推进水价改革、推广水权交易和加强节水宣传等手段，进一步提高水资源利用效率，降低旱灾发生频率和损失。

以上新形势为抗旱工作带来了新的挑战，也给未来的研究方向提供了重要启示。为此，建议进一步加强干旱形成机理、极端气候条件下的旱灾应对策略、干旱预测与预警技术等领域的研究，以提升区域科学抗旱和主动抗旱的能力，为旱灾防御工作提供更有力的支持。

附录　公元前190—1949年各县旱情记载史料

1. 阜阳

朝代	年份	旱情记载
唐代	653	夏秋旱甚
	861	秋不雨至明年6月
宋代	1064	夏旱
清代	1648	夏4月至6月不雨
	1661	大旱
	1663	旱
	1664	旱
	1665	春夏无雨
	1744	旱
	1784	大旱饥
	1785	大旱疫
	1814	夏大旱,禾半无穗,菽皆不秀而萎饥
近代	1942	豫东大旱,皖次之

2. 颍上

朝代	年份	旱情记载
明代	1523	夏大旱
	1587	大旱
	1608	秋大旱
	1610	秋冬大旱
	1624	5月大旱
	1640	大旱

续表

朝　代	年　份	旱　情　记　载
清代	1648	7月旱
	1652	6月大旱,禾稼皆枯
	1656	6月旱
	1696	大旱
	1742	7月旱
近代	1856	秋大旱

3. 霍邱

朝　代	年　份	旱　情　记　载
隋代	589	江淮数百里绝水,无鱼
唐代	653	夏秋旱
	834	江淮大旱
	861	淮南不雨,至明年4月大饥
	868	江淮旱
宋代	1012	江淮旱
	1032	淮南旱饥
	1109	江淮大旱
	1148	淮南旱
	1201	淮南旱饥
明代	1487	旱大饥,人相食
	1488	旱大饥
	1540	旱
	1544	旱
	1586	旱大饥
	1588	春旱夏,6月始雨
	1589	回春至秋不雨,淮水竭,井泉枯野无青草,流亡遗道担水千钱百物凋耗
	1617	旱
	1640	旱,大饥,斗米千钱,人至相食
	1648	戊子夏4月至6月不雨
清代	1661	辛丑大旱,赤土千里,寸粒无收,民不聊生
	1665	乙已夏大旱

续表

朝　代	年　份	旱　情　记　载
清代	1667	丁未夏5月，旱为灾
	1711	旱灾
	1714	旱歉收
	1715	旱歉收
	1738	秋旱
	1744	旱
	1752	夏旱

4. 寿县

朝　代	年　份	旱　情　记　载
汉代	147	荆扬二州人多饥死
魏	258	自去秋至正月旱
隋代	589	淮河数百里绝水无鱼
唐代	668	江淮大旱
	790	夏淮南大旱，井泉竭，人暍且疫死甚众
	791	寿州旱
	805	秋淮南旱
	808	淮南旱
	809	秋淮南旱
	823	淮南旱
	825	秋淮南旱
	834	江淮旱
	861	秋淮南不雨至明年6月
	868	江淮旱
宋代	1005	9月淮南旱饥
	1010	淮南旱饥
	1012	辛未江淮旱
	1041	淮南旱
	1074	春及夏，淮南路久旱
	1075	8月，淮南路旱
	1101	江淮旱

续表

朝　代	年　份	旱　情　记　载
宋代	1108	淮南路大旱,6月不雨至于10月
	1111	淮南旱
	1119	秋淮南旱
	1122	淮南旱
	1169	秋冬不雨,淮群麦种不入
	1171	春淮南旱
	1178	淮南旱
	1201	两淮旱
	1215	5月大蝗草木枯竭,百泉皆竭,江淮杯水千钱,喝者甚众
	1218	淮浙江东饥馑无麦苗(年秋不雨至于年终,淮群旱,蔬麦皆枯)
元代	1324	6月春旱
明代	1415	凤阳旱
	1456	6月凤阳大旱
	1479	凤阳旱
	1509	夏大旱
	1512	凤阳旱
	1514	凤阳淮扬旱
	1520	凤阳旱
	1527	凤阳旱
	1568	凤阳大旱
清代	1678	大旱
	1686	凤阳等处旱
	1737	旱
	1741	旱
	1743	旱
	1751	旱
	1752	旱
	1768	旱
	1775	旱
	1778	旱
	1785	大旱

续表

朝　代	年　份	旱　情　记　载
清代	1802	旱
	1807	旱
	1814	夏大旱
近代	1855	寿州等夏大旱
	1902	寿县大旱
	1932	寿县大旱

5. 凤台

朝　代	年　份	旱　情　记　载
清代	1741	旱
	1785	旱
	1802	旱
	1803	旱
	1805	旱
	1811	旱
	1813	旱

6. 怀远

朝　代	年　份	旱　情　记　载
明代	1581	旱涝相仍，岁大饥，人有相食者
	1589	秋间旱，井泉涸
清代	1653	旱
	1661	夏大旱
	1663	旱
	1667	旱
	1671	旱，民饥
	1704	春无雨
	1711	春大旱，民乏食
	1713	7月大雨后不雨至次年3月始雨，二麦失收，秋夏旱
	1716	夏秋俱旱，禾失收
	1755	大旱

续表

朝　代	年　份	旱　情　记　载
清代	1782	旱
	1785	大旱
	1803	旱
	1805	旱
	1807	旱
	1814	旱

7. 凤阳

朝　代	年　份	旱　情　记　载
宋代	1135	秋濠州大旱
明代	1371	濠州大旱
	1415	凤阳旱
	1453	6 月大旱
	1479	凤阳旱
	1488	大旱,民大饥
	1509	夏大旱,岁大饥人相食
	1511	春旱无麦
	1512	凤阳旱
	1514	凤阳旱
	1520	凤阳旱
	1523	夏旱风霾人相食
	1527	凤阳旱
	1540	旱
	1544	旱
	1568	凤阳大旱
	1569	夏大旱
	1580	秋大旱无禾
	1588	春正月至 6 月始雨
	1589	正月至 8 月不雨,淮河竭泉井涸野无青草
	1619	大旱无麦禾,民食树皮饿死者半
	1626	旱
	1629	旱

续表

朝　代	年　份	旱　情　记　载
清代	1671	夏大旱,禾麦皆无,人食树皮
	1672	旱
	1678	大旱
	1681	夏秋旱
	1686	旱
	1693	夏旱
	1713	旱
	1738	旱,成灾六、七分
	1743	旱,成灾五分
	1748	旱,成灾五分
	1752	旱,成灾五分
	1768	旱,成灾五、七、九分
	1771	旱,成灾五、七、九分
	1774	旱,灾五、七、八分
近代	1854	成灾五分

8. 五河

朝　代	年　份	旱　情　记　载
隋代	617	大旱,淮水无鱼
唐代	668	江淮大旱,饥
宋代	1279	江南大旱,淮流绵亘至数百里皆涸
明代	1415	夏大旱
	1441	旱
	1482	大旱,民饥
	1503	夏4月不雨至秋9月
	1508	春旱
	1509	夏大旱
	1511	春旱
	1523	夏4月麦将熟亢旱,秋禾尽槁……遂大饥次去春东馁疫病死者无数,人乃相食
	1527	旱二麦多槁
	1534	旱,禾稼不登

续表

朝 代	年 份	旱 情 记 载
明代	1535	旱,禾稼不登
	1536	旱,禾稼不登
	1559	夏旱
	1568	旱涝不时
	1580	大旱民饥
	1588	大旱,二麦尽槁,民饥死无数
	1614	大旱
	1640	大旱,民饥,草木树皮食尽
清代	1652	夏大旱,禾尽槁
	1671	夏秋大旱
	1678	秋大旱
	1679	秋……旱,淮南皆大饥
	1681	夏秋旱
	1693	夏旱
	1713	夏大旱
	1738	旱
	1743	旱
	1748	旱
	1752	旱
	1768	旱
	1771	夏旱
	1774	旱
	1778	五河等州旱灾
	1784	冬旱
	1785	旱二麦失种
	1802	夏旱灾
	1818	旱……成灾
	1832	2 月不雨至于 6 月
近代	1840	夏大旱豆禾尽枯
	1841	夏秋大旱
	1845	秋大旱
	1866	春大旱,潼河涸

续表

朝代	年份	旱情记载
近代	1877	秋旱
	1894	夏大旱

9. 泗县

朝代	年份	旱情记载
隋代	617	大旱,淮无鱼
宋代	1101	江淮旱
	1109	旱自6月不雨至10月
	1208	旱饥,斗米千钱
明代	1453	是岁大旱,饥
	1509	夏大旱
	1511	春旱,无麦苗
	1585	夏旱
	1640	大旱饥
清代	1663	旱
	1671	大旱饥
	1678	旱
	1679	大旱
	1687	大旱
	1721	秋旱
	1753	夏旱
	1790	大旱
近代	1858	秋旱

10. 太和

朝代	年份	旱情记载
明代	1537	大旱
	1587	秋大旱
	1588	夏大旱
清代	1785	大旱

续表

朝代	年份	旱情记载
近代	1876	旱
	1877	旱饥

11. 亳县

朝代	年份	旱情记载
唐代	718	戊午旱
	728	旱
宋代	990	旱
明代	1562	壬戌大旱
	1577	丁丑秋旱
	1587	秋旱
清代	1648	戊子春旱
	1654	丙申秋冬旱
	1792	壬子旱灾
	1839	夏大旱
近代	1876	丙子旱
	1893	癸巳冬旱
	1894	甲午春旱

12. 涡阳

朝代	年份	旱情记载
清代	1876	丙子自春至夏旱魁为灾，赤地如灾，人心汹惧

13. 蒙城

朝代	年份	旱情记载
明代	1588	大旱
	1619	3月至9月无雨大旱
	1652	旱
近代	1913	旱

14. 宿县

朝代	年份	旱情记载
明代	1453	旱
	1482	大旱,民饥
	1503	夏 4 月不雨至秋 9 月
	1509	夏大旱
	1511	春大旱
	1523	夏旱
	1526	夏旱
	1529	连旱,民多逃亡
	1610—1612	连旱
	1618	大旱
	1619	夏大旱,禾皆枯岁大饥
清代	1697	春旱
	1711	春旱
	1712	春大旱
	1718	春大旱
	1745	春大旱
	1784	旱
	1785	春大旱
	1805	旱
	1807	夏旱
	1809	旱
	1810	夏旱
	1824	旱
近代	1847	旱
	1856	大旱
	1862	旱
	1875	旱
	1876	大旱
	1899	去冬无雪,今春无雨,二岁不实
	1932	4 月旱

15. 霍山

朝 代	年 份	旱 情 记 载
明代	1508	霍山旱
	1588	夏大旱
	1589	大旱升米百钱
	1615	旱,谷价贵
	1640	大旱
清代	1641	旱,更甚野天青,人相食,次年春,斗岁四百钱,山中单跟树皆食斤尽
	1652	3月不雨至7月
	1679	大旱
	1692	大旱
	1711	夏旱
	1714	旱
	1738	大旱
	1785	大旱川竭单枯……
	1802	旱
	1814	大旱
近代	1845	旱
	1856	5月不雨至8月,百里尽废

16. 定远

朝 代	年 份	旱 情 记 载
元代	1315	大旱
明代	1415	旱
	1441	旱
	1442	夏旱
	1450	旱
	1454	6月大旱
	1568	大旱
	1639	大旱
清代	1689	旱
	1832	旱

续表

朝　代	年　份	旱　情　记　载
清代	1833	大旱
	1837	旱
近代	1843	旱
	1846	大旱
	1856	大旱,7月不雨千里皆废
	1862	旱
	1869	夏旱
	1876	夏旱
	1877	旱
	1879	旱
	1880	旱
	1891	8月旱
	1892	旱
	1893	旱
	1916	旱

17. 天长

朝　代	年　份	旱　情　记　载
明代	1523	自正月至6月不雨 岁无收,人相食
	1614	春夏无雨,饥
	1615	春旱秋旱
	1616	4月不雨至8月,民多逃亡
	1617	正月不雨至8月
	1619	自春至6月不雨
	1624	大旱
	1625	大旱
	1629	大旱,米粒无收民多逃窜
	1640	大旱,人相食
清代	1651	大旱
	1671	大旱,自三月不雨至8月,人民相食
	1678	大旱民饥

续表

朝代	年份	旱情记载
清代	1679	大旱,国民大饥,人相食
	1706	大旱岁饥
	1707	大旱岁饥
	1714	旱
	1716	旱
	1717	旱饥
	1723	大旱
	1724	旱
	1738	大旱岁饥
	1748	旱
	1751	春夏皆旱,饥
	1768	夏旱
	1785	大旱,颗粒无收
	1807	夏旱,秧豆俱死
	1809	旱,四境无收
	1810	夏旱
	1811	秋旱,田亩无收

18. 宿松

朝代	年份	旱情记载
唐代	809	大旱饥
明代	1466	大旱大饥
	1585	大旱
	1641	大旱
清代	1652	江南大旱
	1671	旱
	1679	3 月至 8 月不雨
	1738	秋旱
	1785	大旱
	1835	夏大旱

19. 望江

朝代	年份	旱情记载
南朝梁	502	江东大旱斗米5千,民多饥死
唐代	803	大旱
	809	大旱,饥
元代	1308	大旱
	1336	大旱
明代	1466	旱,大饥
	1478	大旱
	1509	大旱
	1523	夏秋大旱
	1532	4月不雨
	1535	5月旱
	1545	大旱,民饥
	1561	夏旱
	1585	旱
	1587	秋两月不雨
	1588	大旱
	1589	大旱,河井干涸,田亩颗粒无获,饿死甚众
	1590	大旱春夏,食草根树皮尽仍饿死
	1592	旱
	1593	又旱
	1608	秋大旱
	1641	大旱,一斗米饭六钱,人相食
清代	1646	大旱
	1652	4月不雨至秋8月,民饥
	1662	6月至7月不雨
	1671	6月不雨,禾苗枯死,民饥采草度日,草根树皮一叶俱尽
	1674	秋不雨
	1679	夏大旱
	1693	夏秋大旱,民饥欲死
	1708	又大旱饥
	1714	大旱

续表

朝　代	年　份	旱　情　记　载
清代	1716	秋大旱米价腾贵
	1738	大旱
	1739	大旱，岁大饥

20. 东流

朝　代	年　份	旱　情　记　载
宋代	1131	池州旱
	1180	池州大旱
	1190	池州旱
	1214	池州旱
	1215	池州旱，首种不入至8月乃雨
元代	1297	池州旱
	1298	旱
	1329	大旱
明代	1478	池州夏旱，无禾
	1485	池州夏不雨
	1487	夏大旱饥
	1535	夏大旱饥
	1544	夏大旱至8月不雨
	1545	夏大旱
	1571	东流旱
	1588	旱
	1589	旱
清代	1652	夏秋大旱
	1661	池州旱
	1664	秋旱
	1679	旱
	1680	旱
	1693	池州旱
	1694	池州旱
	1707	夏旱
	1735	夏旱，湖水干涸
	1775	秋旱

21. 怀宁

朝代	年份	旱情记载
宋代	1180	舒州自4月不雨，至9月大旱
	1188	舒州旱
明代	1466	旱
	1478	大旱
	1509	大旱
	1523	大旱
	1532	大旱
	1544	大旱
	1545	大旱
	1588	大旱
	1592	夏秋不雨
	1641	大旱……人相食，死者枕籍
清代	1646	大旱
	1671	夏秋不雨，大旱，饥
	1678	6月不雨，至8月大旱
	1679	5月不雨，至8月大旱
	1781	大旱
	1814	大旱饥

22. 桐城

朝代	年份	旱情记载
唐代	868	舒州旱……江淮皆干
宋代	1188	舒州旱
	1466	旱大饥
	1478	大旱，民多流殍
	1509	大旱
	1523	大旱
	1544	大旱，民食殍死
	1545	大旱，米价腾价，死者枕藉
	1588	大旱，民大饥
	1589	大旱

续表

朝 代	年 份	旱 情 记 载
宋代	1590	大旱,民多饥死
	1592	夏不雨
	1608	秋大旱
	1641	大旱,饥者食人
清代	1644	申冬十日旱
	1652	自3月至7月不雨水道尽涸,岁大旱
	1654	3月不雨至7月
	1655	秋大旱
	1671	春夏秋无雨,岁大饥
	1677	秋旱
	1678	秋大旱
	1679	秋大旱
	1775	大旱
	1778	大旱
	1785	大旱
	1786	春夏饥……旱
	1802	夏岁旱
	1814	旱
近代	1856	大旱
	1889	大旱,但是秋干,居民有10里8里以外担取食水者
	1892	大旱,汗多高,田素种水稻者都改种旱粮
	1914	大旱
	1934	奇旱,6月下旬以后即行赤日当空,天空无云,入秋以后始有细雨,使田原禾苗枯萎,几有赤地千里之称,该年自夏历4月25、4月26几日大于浩水平佛野外,如今大地从此数日不雨,水稻已种起初高不缺水无人改旱粮,后来久旱

23. 贵池

朝 代	年 份	旱 情 记 载
宋代	1131	旱
	1180	旱

续表

朝　代	年　份	旱　情　记　载
宋代	1190	旱
	1214	旱
	1215	春旱，至 8 月乃雨
	1297	旱
元代	1329	大旱
明代	1478	夏无禾
	1485	夏不雨
	1487	夏大旱饥
	1535	大旱饥
	1544	大旱，至 8 月乃雨
	1545	春大饥，夏大旱
	1588	旱
	1589	旱
	1643	水竭
	1661	旱
清代	1679	旱……谷贵
	1680	旱
	1693	旱
	1694	旱
	1707	夏旱
	1735	夏旱，湖水涸
	1785	大旱
	1802	大旱
	1814	旱，官多平粜
近代	1856	旱

24. 铜陵

朝　代	年　份	旱　情　记　载
宋代	1215	旱
	1297	旱
元代	1298	旱
	1329	大旱

续表

朝 代	年 份	旱 情 记 载
明代	1478	大旱,无禾稼
	1486	夏大旱
	1508	夏旱饥
	1523	大旱,饥殍遍野
	1534	大旱
	1543	大旱
	1545	5 月至 8 月不雨
	1589	大旱,春夏秋不雨,民食草木根皮饥殍载道
	1608	秋夏大旱
	1617	夏旱
	1638	春不雨,秋冬夏旱,岁大凶
	1641	旱
	1642	秋旱,米价腾贵,饥疾殍止各者无算
清代	1644	秋大旱
	1652	秋大旱,民饥
	1654	旱岁歉
	1671	旱
	1673	民饥
	1693	民大饥
	1702	秋旱
	1703	旱
	1704	旱
	1705	旱
	1707	旱
	1714	旱
	1715	夏大旱
	1716	旱……成炎
	1735	旱,秋 8 月江潮不至
	1738	大旱民饥
	1751	大旱

25. 无为

朝　代	年　份	旱　情　记　载
宋代	1135	大旱
	1137	6月不雨至秋9月
	1179	大旱饥
明代	1523	夏旱……大饥
	1544	大旱
	1589	大旱饥
清代	1652	大旱
	1653	大旱
	1654	大旱
	1671	旱
	1679	大旱
	1690	旱
	1692	旱,8月潮始来
	1693	旱
	1711	旱
	1714	8月雨始流
	1719	6月旱
	1722	旱
	1723	旱
	1726	春大旱
	1733	旱
	1738	春至秋不雨,田旱未插
	1739	春不雨,5月微雨,山圩未插6月旱
	1775	夏至秋大旱,山田无获
	1778	大旱
	1782	旱
	1785	奇旱,自去年冬至走年,终年岁无雨,江潮闭山田籽粒无收……人饥死者相枕藉
	1786	春仍大旱,大饥
	1802	田旱,秋米价腾贵
	1814	大旱
近代	1864	大旱,自夏至冬无大雨

26. 繁昌

朝 代	年 份	旱 情 记 载
明代	1434	春至秋大旱,江河皆涸,民剩树皮以食
	1503	旱
	1504	旱
	1509	旱
	1523	大旱
清代	1671	大旱,泉水皆涸,山田禾苗尽枯,大饥
	1693	大旱
	1738	大旱饥山田如燎
	1785	大旱,民多饥殍,死者无算
	1814	死者无算

27. 芜湖

朝 代	年 份	旱 情 记 载
晋代	309	大旱,江竭
宋代	1215	江浙淮闽皆旱,太平、建康、宁国等为甚
元代	1300	宁国、太平两地各旱
清代	1652	旱
	1671	夏大旱
	1693	夏旱
	1707	夏旱
	1716	旱
	1775	夏秋大旱
	1785	大旱
近代	1856	旱

28. 当涂

朝 代	年 份	旱 情 记 载
晋代	309	大旱,江竭
	322	旱,川谷俱竭

续表

朝　代	年　份	旱　情　记　载
唐代	834	夏大旱
	884	大旱
五代十国	934	大旱,民饥(疫)……死者过半
宋代	999	秋旱
	1004	旱
	1096	大旱,江湖涸竭
	1137	6月旱
	1171	3月旱
	1201	旱
	1205	旱
	1209	旱
	1240	6月大旱
元代	1300	2月旱
	1375	秋8月旱
明代	1434	春至秋大旱,江湖涸竭,岁禾不收,民无粒食,树皮为食
	1503	旱
	1504	旱
	1509	大旱
	1523	自2月至4月不雨
	1535	旱
	1538	旱
	1633	旱
	1638	大旱
	1641	旱
清代	1652	大旱,江潮不至
	1671	5月至7月不雨
	1679	夏大旱
	1693	夏旱
	1707	夏大旱
	1738	秋大旱

29. 和县

朝代	年份	旱情记载
宋代	1131	5月旱
	1133	大旱
	1135	大旱,自去冬不雨至夏秋,民大饥
	1175	秋大旱
	1179	冬饥
	1180	大旱,自7月不雨至9月
	1183	冬月旱
	1191	大旱
	1192	大旱
	1194	大旱……各饥人食草木
	1200	旱
明代	1523	大旱,自2月至6月不雨,秋大饥,斗米300钱,死亡无算
	1534	旱
	1544	旱
	1559	旱
	1563	旱
	1570	旱
	1574	旱
	1589	旱
	1616	7月旱
	1640	大旱
清代	1671	旱
	1679	旱
	1708	大旱,3月至秋乃雨
	1709	旱
	1725	旱
	1736	旱
	1738	大旱,山危黄独民赖以生
	1768	大旱
	1785	大旱,饥民食草木馑载道
	1807	旱
	1814	大旱
	1821	旱

30. 太湖

朝　代	年　份	旱　　情　　记　　载
晋代	309	夏大旱
南朝梁	502	8月大旱……江东斗米5千,民多殍死
宋代	1066	淮西旱
	1188	舒州旱
	1265	旱,大饥
明代	1478	大旱,民多流殍
	1509	大旱
	1523	大旱……民多遍逃
	1544	大旱
	1545	大旱
	1588	大旱,民饥
	1625	大旱
	1640	大旱
清代	1646	旱
	1652	夏4月不雨至秋8月,民大饥
	1657	4月不雨至6月
	1671	5雨不雨至秋8月
	1679	6月不雨至9月
	1716	秋大旱,米价腾贵
	1785	夏大旱
	1835	自夏至秋不雨大饥
	1856	大旱,米价腾贵
	1864	夏5雨不雨至8月
	1865	夏大旱
	1920	旱

31. 潜山

朝　代	年　份	旱　　情　　记　　载
晋代	309	大旱,江浦河洛干涸
	319	江东大饥,4月庐江群旱
唐代	868	舒州旱,江淮皆旱

续表

朝　代	年　份	旱　情　记　载
宋代	1188	舒州旱
元代	1308	8月渚止各旱，……饥……江淮民以草木树皮为食
	1333	6月旱
	1357	潜山大旱
明代	1466	旱大饥，江淮人相食
	1478	大旱，民多流殍
	1509	大旱
	1523	大旱
	1532	大旱
	1544	大旱，民多殍死
	1588	大旱……民大饥
	1590	大旱，民多饥死
	1592	夏秋不雨旱
	1608	秋大旱
	1641	大旱……人死者枕藉，饥者人相食，无敢独行道路者
清代	1646	大旱
	1652	自春至夏不雨，水道尽涸，大旱民饥
	1653	旱
	1670	大旱
	1671	5月至9月大旱民饥
	1672	旱
	1678	大旱，自6月不雨至8月
	1693	夏旱
	1714	旱
	1716	秋大旱，米价腾贵
	1739	春夏旱至秋始雨
	1777	夏旱至秋始雨
	1779	夏5月至6月不雨
	1781	夏5月至7月不雨，夏旱
	1785	大旱
	1812	大旱饥
	1814	大旱
	1835	夏大旱

续表

朝　代	年　份	旱　情　记　载
近代	1846	旱
	1856	大旱……自6月初10至7月28日始雨,籽粒无收
	1864	夏秋大旱
	1889	大旱
	1895	夏大旱
	1897	大旱,自8月至腊月初十舍日始雨
	1913	6、7月夏旱,米价腾贵

32. 舒城

朝　代	年　份	旱　情　记　载
明代	1508	大旱
	1523	夏旱
	1537	5月旱
	1561	大旱……斗米千钱
	1589	大旱,自正月至秋7月不雨斗米千钱,人多饥死
	1617	旱,禾稼尽枯
	1635	旱
清代	1652	夏秋大旱
	1654	秋旱
	1671	大旱
	1679	旱
	1711	旱
	1714	旱
	1722	秋旱
	1738	秋大旱
	1748	旱饥
	1784	旱
	1785	大旱5月不雨至8月木稼枯,谷贵
	1814	大旱,冬大饥
近代	1856	冬旱
	1891	旱
	1895	秋7月旱

33. 庐江

朝 代	年 份	旱 情 记 载
唐代	825	庐州旱
宋代	1182	无为大旱
	1250	旱
明代	1468	大旱饥
	1491	大旱饥
	1526	大旱
	1534	旱
	1539	大旱,高田禾枯
	1544	大旱
	1549	旱饥
	1552	大旱,湖水涸
	1589	庐州大旱饥,升米百钱,人相食
	1626	大旱
	1641	庐州旱
清代	1652	大旱木尽枯
	1653	大旱
	1671	夏旱
	1679	大旱
	1690	大旱
	1693	大旱
	1711	旱
	1714	大旱
	1716	旱
	1738	旱
	1739	旱
	1775	旱
	1778	旱
	1785	大旱,道馑相望

续表

朝　代	年　份	旱　情　记　载
清代	1811	秋旱
	1813	秋旱
	1814	大旱饥……民多流亡
	1835	秋旱
	1836	旱
近代	1856	旱炎
	1857	旱炎

34. 合肥

朝　代	年　份	旱　情　记　载
唐代	790	夏，淮南、浙西、福建大旱，井泉俱竭
	805	江浙、淮南、荆南、湖南、鄂岳等26州旱
	808	淮南、江南、江西、湖南、广南、山南、车西皆旱
	809	秋，淮南、浙江、江西旱
	825	秋，荆南、淮南、浙西、江西、湖南及宣襄鄂等州旱
	861	秋，淮南、河南不雨至4月、6月
宋代	1135	大旱
	1194	大旱
	1274	冬旱
元代	1299	旱
明代	1514	旱
清代	1695	7月大旱
	1711	旱
	1712	秋旱
	1714	旱
	1715	合肥大旱
	1716	旱
	1738	旱
	1768	旱
	1785	大旱

35. 巢县

朝　代	年　份	旱　　情　　记　　载
明代	1544	巢县旱危
	1590	夏旱
	1632	旱
	1639	旱
	1641	春大饥,市中无米籴,死者数千人,是年夏旱,湖水涸,山田尽为赤土
清代	1644	夏秋大旱
	1679	大旱
	1690	大旱
	1692	旱
	1693	旱
	1714	旱
	1723	旱
	1775	旱
	1797	旱
	1799	旱
	1802	旱
	1811	旱
	1814	旱,山田尽成赤土,青草俱无
	1820	旱
	1821	旱
	1824	旱

36. 含山

朝　代	年　份	旱　　情　　记　　载
宋代	1133	大旱
	1134	冬不雨至来年秋
	1175	浙旱和、含尤甚
	1191	旱
	1192	大旱 9 月

续表

朝　代	年　份	旱　情　记　载
宋代	1194	旱大饥，人食草木
	1200	大旱
明代	1486—1487	连旱
	1523	大旱，绝禾稼
	1544	大旱
	1554	旱
	1563	旱
	1564	旱
	1570	旱
	1589	大旱，城中井涸
	1640	大旱饥
	1641	大旱饥，民枕藉
清代	1652	旱
	1671	旱
	1678	旱
	1679	旱
	1683	夏秋旱

37. 全椒

朝　代	年　份	旱　情　记　载
宋代	1073	旱
	1074	淮南渚地各旱
	1075	旱
	1084	大旱
	1111	旱
	1194	大旱
明代	1487	大旱
	1508	大旱
	1523	大旱，民饥死积尸满野
	1559	大旱
	1570	大旱
	1589	大旱

续表

朝　代	年　份	旱　情　记　载
明代	1617	大旱
	1619	旱
	1640	大旱,秋大饥,民食草木,据食观音粉都病死
	1641	旱
清代	1653	大旱
	1654	大旱
	1655	旱
	1667	旱
	1671	夏大旱……民大饥
	1768	大旱
	1786	夏大旱
	1814	大旱
近代	1856	斗米 10 千,人相食
	1888	大旱
	1911	大旱
	1914	秋旱

38. 滁县

朝　代	年　份	旱　情　记　载
宋代	1092	春至夏不雨
	1132	5 月旱
	1175	夏 4 月旱,民饥
	1194	大旱,滁为甚,人食草木
元代	1353	秋 7 月大旱
明代	1487	大旱
	1523	秋大旱,民流离,饿死无数
	1536	大旱
	1617	蝗旱交作,流馑载道
	1627	大旱
	1640	大旱

续表

朝　代	年　份	旱　情　记　载
清代	1651	大旱
	1652	大旱,自4月至6月不雨
	1670	夏旱
近代	1856	大旱

39. 来安

朝　代	年　份	旱　情　记　载
明代	1523	正月至6月旱,禾尽枯,人相食
	1527	旱……人多饥死
	1528	旱
	1529	旱
	1530	旱
	1531	旱
	1532、1533	旱
	1538	春旱
	1544	春至秋不雨,民食草木树皮
	1559	旱
	1564	旱
	1566	秋旱
	1567	5月旱
	1568	夏旱
	1583	旱
	1587	旱
	1589	旱
	1590	旱
	1610	旱
	1616	夏旱
	1617	夏大旱
清代	1652	大旱
	1671	自夏5月不雨至秋9月
	1672	秋旱

续表

朝　代	年　份	旱　情　记　载
清代	1674	旱
	1678	旱
	1679	旱
	1681	旱饥
	1684	秋大旱
	1689	秋旱
	1707	秋大旱
	1709	旱饥
	1713	旱饥
	1714	大旱
	1716	大旱
	1723	夏旱
	1738	旱炎
	1768	夏旱
	1771	旱
	1775	旱
	1778	旱
	1785	大旱，自冬至次春儿殍相望千道
	1811	旱
	1814	大旱饥

40. 至德

朝　代	年　份	旱　情　记　载
明代	1485	旱炎
	1487	大旱
	1523	旱
	1545	大饥，夏大旱
	1574	旱大饥
	1661	大旱
清代	1716	旱
	1785	大旱，民饥野殍无算
	1802	大旱民饥

续表

朝　代	年　份	旱　情　记　载
清代	1814	旱民饥
	1820	旱
	1828	旱
	1835	大旱,民饥至食观音粉,死徒亦众
近代	1864	旱大饥,民食树皮观音粉,多有死者
	1897	民饥
	1908	秋大旱
	1909	大旱,民饥

41. 石埭

朝　代	年　份	旱　情　记　载
宋代	1075	旱
明代	1483	大旱,饥
	1484	大旱,饥
	1544	大旱,自4月不雨至6月始雨
	1545	春大饥,夏大旱,民饥死
	1649	旱
	1652	秋大旱饥
	1661	旱
清代	1664	秋旱
	1671	夏秋大旱木尽枯,米石价两8钱,民不聊生
	1672	秋大旱
	1715	大旱自5月13日微雨至10月雨始走,一望赤地禾稼尽焦枯
近代	1854	7月大旱
	1856	大旱
	1898	大旱
	1913	大旱
	1926	大旱
	1929	夏大旱
	1934	大旱

42. 青阳

朝代	年份	旱情记载
明代	1478	夏不雨无禾稼
	1486	夏大旱
	1508	夏旱
	1544	自 4 月不雨至秋 9 月
	1545	自 5 月不雨至 8 月岁大浸

43. 太平

朝代	年份	旱情记载
元代	1300	旱
明代	1474	大旱
	1508	大旱,造馑相望
	1544	大旱,斗米银 2 钱
	1545	大旱
	1546	大旱
	1641	大旱
清代	1651	宁国府旱炎
	1652	江南大旱
	1672	江南旱
	1679	自 3 月不雨至 8 月
	1716	大旱
	1718	大旱
	1721	旱
	1725	旱
	1738	旱炎
	1751	秋禾湖旱
	1785	大旱,米升钱 50,道馑相望
	1802	秋大旱

44. 旌德

朝　代	年　份	旱　情　记　载
唐代	823	宣、歙等处旱
宋代	1175	秋旱
	1215	旱,首种不入至于8月乃雨,建康宁国府等处为甚
元代	1300	3月宁国太平两地旱
	1355	大旱,米升银2钱
明代	1508	旱
	1587	斗米银1钱8分
	1598	大旱,米价昂贵
清代	1707	旱
	1716	夏6月至秋大旱
	1717	旱
	1721	旱
	1738	禾被旱
	1743	伏旱,斗米银2钱5分
	1748	夏旱,升米银3钱
	1751	夏大旱,禾尽枯
	1785	大旱,斗米价昂贵,民多馑死
	1786	旱
	1802	大旱

45. 泾县

朝　代	年　份	旱　情　记　载
唐代	823	旱
宋代	1215	春旱首种不入至8月,建康、宁国府等处甚之
元代	1300	旱
明代	1640	夏旱,米价昂贵,民推土作饼,粘观音粉食之者多死
清代	1651	旱
	1671	秋大旱
	1707	秋旱
	1738	夏大旱
	1747	夏6月大旱

续表

朝 代	年 份	旱 情 记 载
清代	1751	夏大旱,自 4 月至 9 月不雨,禾尽枯,冬大饥
	1785	大旱,米升钱 50,道馑相望
	1786	旱
	1802	秋大旱

46. 南陵

朝 代	年 份	旱 情 记 载
元代	1300	3 月宁国地旱
	1355	大旱
明代	1508	大旱,道馑相望
	1588	大旱
	1640	大旱,大饥
清代	1651	大旱
	1671	夏连日不雨,大旱热人焚,春大饥
	1714	秋旱
	1716	宣、南、泾 3 县秋大旱,禾稼几尽
	1751	大旱,谷价数北,次年人食草木
	1775	旱,自夏至秋不雨,民饥且馑
	1778	夏旱入秋乃雨
	1785	大旱……自春至秋民食榆殆尽城殍相望
	1802	旱
	1814	大旱
	1835	旱
近代	1846	旱
	1856	大旱,自 2 月至 7 月禾草枯死
	1871	夏旱,山田受灾无收
	1898	大旱,禾苗大伤
	1903	大旱,山圩受灾

47. 宁国

朝 代	年 份	旱 情 记 载
清代	1678	旱
	1706	旱,高田槁死
	1707	大旱
	1835	秋旱
近代	1856	大旱,人相食
	1934	大旱,民间树皮草根食尽

48. 宣城

朝 代	年 份	旱 情 记 载
南朝梁	502	大旱,斗米2千,人多饿死
唐代	823	宣、歙等地旱
	825	秋旱
宋代	1175	秋旱,民饥
	1183	旱
	1215	春秋大旱至8月乃雨
元代	1300	宁国地旱
	1355	宁国地大旱,升米钱2钱
明代	1508	大旱,道馑相望
	1588	大旱
	1640	大旱
清代	1651	旱
	1652	大旱,赤地千里
	1671	大旱,连月不雨,热如焚,民有渴死者
	1674	旱
	1677	大旱
	1678	旱
	1679	旱
	1693	夏旱
	1707	旱
	1708	夏大旱,山田尽槁,人食草木或推地区4白土食之,道馑相望

续表

朝 代	年 份	旱 情 记 载
清代	1714	秋旱
	1716	秋旱
	1738	旱
	1751	秋大旱,谷价贵数倍
	1768	夏旱
	1775	旱
	1777	夏旱
	1785	自夏初至冬不雨,民饥食草根树皮,死者枕藉于道
	1788	大旱
	1802	夏旱
	1804	秋旱
	1814	大旱
	1835	旱
近代	1856	大旱
	1873	秋旱
	1887	秋旱

49. 广德

朝 代	年 份	旱 情 记 载
宋代	1175	旱,广德为甚
	1180	大旱
	1181	7 月不雨至 11 月广德旱
	1183	旱
	1215	春旱至于 8 月乃雨,广德旱未甚
	1218	秋不雨至冬,广德旱
元代	1321	夏 4 月广德地旱
明代	1368	旱
	1420	旱
	1535	夏旱不雨
	1588	建平大旱

续表

朝　代	年　份	旱　情　记　载
明代	1639	旱
	1641	大旱,斗米千钱,遗骸载道
清代	1655	旱
	1661	建平旱
	1671	建平旱
	1693	旱
	1714	建平旱
	1716	旱
	1751	大旱
	1752	大夏旱
	1775	夏旱
	1778	夏旱
	1785	自夏至秋不雨,斗米钱500文,民食草根树皮几尽食观音土
	1795	夏旱
	1808	夏旱
	1814	自3月至11月不雨,大旱饥
	1832	夏旱
近代	1856	夏5月至6月不雨,大旱
	1857	夏旱
	1879	夏旱

50. 歙县

朝　代	年　份	旱　情　记　载
唐代	803	旱饥
	823	旱
宋代	1180	旱
	1215	旱
明代	1472	大旱
	1478	夏秋旱
	1480	旱
	1545	旱

续表

朝　代	年　份	旱　情　记　载
明代	1560	旱饥
清代	1647	旱
	1663	旱
	1672	旱
	1691	旱
	1693	旱饥
	1718	6 月旱久
	1722	旱
	1751	旱大饥，斗米 5 钱
	1802	夏大旱，自 5 月不雨至 7 月始雨，岁大饥
	1835	夏大旱
近代	1845	夏秋不雨，大饥

51. 休宁

朝　代	年　份	旱　情　记　载
明代	1545	旱大饥，斗米 2 钱
	1550	旱
清代	1647	旱
	1672	旱
	1679	旱
	1751	旱，斗米 5 钱
	1802	旱

52. 黟县

朝　代	年　份	旱　情　记　载
唐代	808	旱
元代	1366	旱
明代	1396	旱
	1418	旱
	1455	旱
	1472	旱

续表

朝代	年份	旱情记载
明代	1478	旱
	1488	大旱
	1491	夏旱
	1508	秋旱
	1523	大旱
	1534	秋旱
	1589	旱
	1636	大旱
清代	1647	6月旱
	1661	旱
	1671	旱
	1672	旱
	1679	旱
	1716	夏旱
	1721	旱
	1742	夏旱伤禾,米价腾贵
	1765	夏旱
	1778	旱
	1785	夏旱
	1803	旱
	1834	旱

53. 绩溪

朝代	年份	旱情记载
明代	1472	旱
	1478	夏秋旱
	1485	夏秋大旱
	1544	夏大旱饥
	1545	春大饥,夏秋大旱
	1546	夏旱
	1547	夏旱

续表

朝 代	年 份	旱 情 记 载
明代	1552	夏秋旱
	1553	春夏旱
	1575	夏旱
清代	1652	秋7月旱
	1671	旱
	1693	夏旱,自4月不雨至6月下旬微雨
	1707	大旱
	1709	大旱饥
	1721	大旱
	1751	夏秋大旱,200余日民皆推沟汲水,大饥,斗米200文有领另
	1753	夏秋旱
	1768	夏旱
	1781	夏旱
	1785	旱,自5月不雨至7月始微雨
	1789	夏旱,自5月不雨至7月始雨
	1802	大旱,自5月不雨至7月始雨,地焦草枯井水尽涸,斗米400文

54. 祁门

朝 代	年 份	旱 情 记 载
元代	1316	夏大旱
	1320	旱
	1331	夏旱大饥
	1333	夏秋大旱
明代	1390	夏大旱
	1432	大旱
	1438	大旱饥
	1446	大旱
	1456	旱大饥
清代	1721	夏大旱
	1742	夏旱伤禾稼

续表

朝代	年份	旱情记载
清代	1743	大旱
	1781	旱
	1835	大旱,自夏至秋不雨岁饥
近代	1856	7月大旱岁饥
	1863	6、7月久旱不雨,岁饥
	1940	江西茶籴邻黟不许出境无惨救,人遍山挖草根,澄粉充饥,饿死5人。

55. 六安

朝代	年份	旱情记载
明代	1523	癸未春夏旱
	1555	乙卯旱饥
	1589	己丑六安大旱,升米百钱人相食
	1615	乙卯……岁旱……谷价腾贵
	1640	庚辰……夏六霍大旱……人相食至有父母自残其子女者虽重典绳之不解御
	1641	辛巳春饿殍枕藉民采草树为粮以待春秋,春未登,夏及旱……
清代	1671	辛亥大旱
	1679	……大旱……野无遗草
	1711	辛卯自夏至秋大旱
	1714	甲午旱
	1716	丙申旱
	1768	戊子秋六安旱
	1775	乙未秋六安旱
	1785	乙己六霍大旱自3月至8月不雨
	1856	……5月旱……自春末不雨至于8月
	1867	春不雨至5月21日乃雨栽插失时田多荒
	1870	春不雨东北御旱

56. 灵璧

朝　代	年　　份	旱　　情　　记　　载
明代	1266—1267	头年自8月不雨至次年3月
	1453	6月旱……岁大饥
	1508	春旱
	1509	夏大旱……岁大饥人相食
	1511	春旱无麦
	1523	夏大旱
	1527	……夏旱
	1529—1533	岁旱……民多逃
	1579—1581	……夏秋旱麦禾8年如之9年亦如之，民食树皮草根饿死其众
	1620	夏旱……冬饥
清代	1659	春旱……无麦禾饥
	1674	夏旱
	1885	大旱
	1898	大旱饿死人
	1899	旱

以上史料整编自治淮委员会勘测设计院水文测验室《历年旱情统计资料》(1961)。

参 考 文 献

[1] 袁先江.安徽省节水灌溉技术及其发展模式研究[D].江苏:河海大学,2007.

[2] 余庆来.农业科技应对重大农业灾害的应急机制与策略[J].农学学报,2013,3(8):75-78.

[3] 安徽省水旱灾害史料整理分析(公元前190—1949年)[R].合肥:安徽水利勘测设计院,1981.

[4] 翟武全.中国气象灾害大典·安徽卷[M].北京:气象出版社,2007.

[5] 汪志国,谈家胜.宋前时期安徽自然灾害初探[J].池州学院学报,2011,25(1):88-92,106.

[6] 汪志国.宋元时期安徽自然灾害探析[J].古今农业,2011,(2):77-78.

[7] 汪志国.明代安徽自然灾害及灾荒救治[J].池州学院学报,2011,25(4):11-12.

[8] 汪志国.清代前期安徽自然灾害的历史考察:1644—1840年[J].合肥师范学院学报,2012,30(4):78-79.

[9] 安徽省防汛抗旱指挥部办公室.安徽防汛抗旱65年[M].合肥:合肥工业大学出版社,2019.

[10] 安徽省地方志编纂委员会.安徽省志水利志[M].北京:方志出版社,1999.

[11] 刘成荫.1934年安徽旱灾赈济研究[D].上海:东华大学,2007.

[12] 江龙,黄诗峰,金菊良,等.基于GIS的安徽省淮河流域1978年历史大旱模拟与评估[J].水电能源科学,2014,32(6):1-4.

[13] 王胜,田红,吴蓉,等.2022年安徽省区域性高温和干旱过程综合评估[J].干旱气象,2022,40(5):771-779.

[14] 林国义,洪慎东,汪朝霞,等.安徽安庆市2022年抗旱实践与启示[J].中国防汛抗旱,2023,33(6):83-87.

[15] 赵亮,杨帅,刘东能.安徽六安市2022年旱灾成因分析与对策建议[J].中国防汛抗旱,2024,34(7):80-83.

[16] 汤广民,曹成.安徽省农业旱灾特征及其对粮食生产的影响[J].灌溉排水学报,2010,29(6):47-50.

[17] 汪志国.重灾打击下的安徽农业生产:以20世纪30年代3次大灾害为中心的考察[J].江淮论坛,2011,(6):153-156.

[18] 陈娟.安徽水稻旱灾的防灾减灾对策[J].农业灾害研究,2016,6(7):30-31,47.

[19] 谢五三,田红.安徽省近50年干旱时空特征分析[J].灾害学,2011,26(1):94-98.

[20] 谢五三,田红.五种干旱指标在安徽省应用研究[J].气象,2011,37(4):503-507.

[21] 郭姝姝,辛景峰.安徽省1978年特大干旱研究[J].中国水利水电科学研究院学报,2014,12(1):8-14.

[22] 钟小燕,李京兵,史俊.安徽省2022年旱情分析评价[J].中国防汛抗旱,2023,33(5):57-63.

[23] 李征,蒋尚明,沈瑞,等.安徽省干旱灾害风险区划研究[J].江淮水利科技,2023,(6):30-35.

[24] 李宝,胡阳,汪光胜,等.江淮分水岭区农作物干旱时空变化特征[J].水土保持研究,2017,24(6):227-232,237.

[25] 赵宗权,周亮广.江淮分水岭地区旱灾风险评估[J].水土保持研究,2017,24(1):370-375.

[26] 陈来宝,蒲蕊.淠史杭灌区2001年特大干旱分析[J].安徽水利水电职业技术学院学报,2003,

3(4):17-19.
[27] 李绍春,蒋素清.淠史杭史河灌区旱灾成因分析与对策[J].治淮,2004,(12):19-20.
[28] 林国义,洪慎东,汪朝霞,等.安徽安庆市 2022 年抗旱实践与启示[J].中国防汛抗旱,2023,33(6):83-87.
[29] 范吉鹏.黄山市 2022 年旱情分析[J].河南水利与南水北调,2024,53(1):14-15.
[30] 江龙.基于 GIS 的区域旱灾系统时空特性分析与脆弱性评估[D].合肥:合肥工业大学,2014.